住房城乡建设部土建类学科专业"十三五"规划教材
江苏高校品牌专业建设工程资助项目
高等学校土木工程专业应用型人才培养规划教材

土木工程施工组织

梁培新　王利文　主　编
胡桂祥　张　会　副主编
罗　斌　主　审

中国建筑工业出版社

图书在版编目（CIP）数据

土木工程施工组织/梁培新等主编. —北京：中国建
筑工业出版社，2017.8（2023.12 重印）
高等学校土木工程专业应用型人才培养规划教材
ISBN 978-7-112-20923-1

Ⅰ.①土… Ⅱ.①梁… Ⅲ.①土木工程-施工组织-
高等学校-教材 Ⅳ.①TU721

中国版本图书馆 CIP 数据核字（2017）第 158612 号

本书为住房城乡建设部土建类学科专业"十三五"规划教材，全书秉承"应用型"的思想，以培养学生组织现场施工的能力为目标，将理论知识与工程实践的案例相结合，突出了绿色施工和可持续发展的理念，内容充实，适用面广。本书包括施工组织概论、流水施工组织、网络计划技术、单位工程施工组织设计、建筑工程施工组织总设计、绿色施工组织共 6 章内容。

本书可作为高等学校土木工程专业的教材，亦可作为土木工程技术人员或成人教育用书。

为了更好地支持教学，我社向采用本书作为教材的教师提供课件，有需要者可与出版社联系，索取方式如下：建工书院 http://edu.cabplink.com，邮箱 jckj@cabp.com.cn，电话（010）58337285。

* * *

责任编辑：仕　帅　吉万旺　王　跃
责任设计：韩蒙恩
责任校对：李美娜　党　蕾

住房城乡建设部土建类学科专业"十三五"规划教材
江苏高校品牌专业建设工程资助项目
高等学校土木工程专业应用型人才培养规划教材
土木工程施工组织
梁培新　王利文　主　编
胡桂祥　张　会　副主编
罗　斌　主　审

*

中国建筑工业出版社出版、发行（北京海淀三里河路 9 号）
各地新华书店、建筑书店经销
霸州市顺浩图文科技发展有限公司制版
北京圣夫亚美印刷有限公司印刷

*

开本：787×1092 毫米　1/16　印张：11½　字数：285 千字
2017 年 9 月第一版　2023 年 12 月第九次印刷
定价：28.00 元（赠教师课件）
ISBN 978-7-112-20923-1
（30571）

高等学校土木工程专业应用型人才培养规划教材
编委会成员名单

（按姓氏笔画排序）

出 版 说 明

近年来，我国高等教育教学改革不断深入，高校招生人数逐年增加，对教材的实用性和质量要求越来越高，对教材的品种和数量的需求不断扩大。随着我国建设行业的大发展、大繁荣，高等学校土木工程专业教育也得到迅猛发展。江苏省作为我国土木建筑大省、教育大省，无论是开设土木工程专业的高校数量还是人才培养质量，均走在了全国前列。江苏省各高校土木工程专业教育蓬勃发展，涌现出了许多具有鲜明特色的应用型人才培养模式，为培养适应社会需求的合格土木工程专业人才发挥了引领作用。

中国土木工程学会教育工作委员会江苏分会（以下简称江苏分会）是经中国土木工程学会教育工作委员会批准成立的，其宗旨是为了加强江苏省具有土木工程专业的高等院校之间的交流与合作，提高土木工程专业人才培养质量，促进江苏省建设事业的蓬勃发展。中国建筑工业出版社是住房城乡建设部直属出版单位，是专门从事住房城乡建设领域的科技专著、教材、标准规范、职业资格考试用书等的专业科技出版社。作为本套教材出版的组织单位，在教材编审委员会人员组成、教材主参编确定、编写大纲审定、编写要求拟定、计划出版时间以及教材特色体现和出版后的营销宣传等方面都做了精心组织和协调，体现出了其强有力的组织协调能力。

经过反复研讨，《高等学校土木工程专业应用型人才培养规划教材》定位为以普通应用型本科人才培养为主的院校通用课程教材。本套教材主要体现适用性，充分考虑各学校土木工程专业课程开设特点，选择 20 种专业基础课、专业课组织编写相应教材。本套教材主要特点为：抓住应用型人才培养的主线；编写中采用先引入工程背景再引入知识，在教材中插入工程案例等灵活多样的方式；尽量多用图、表说明，减少篇幅；编写风格统一；体现绿色、节能、环保的理念；注重学生实践能力的培养。同时，本套教材编写过程中既考虑了江苏的地域特色，又兼顾全国，教材出版后力求能满足全国各应用型高校的教学需求。为满足多媒体教学需要，我们要求所有教材在出版时均配有多媒体教学课件。

本套《高等学校土木工程专业应用型人才培养规划教材》是中国建筑工业出版社成套出版区域特色教材的首次尝试，对行业人才培养具有非常重要的意义。今年正值我国"十三五"规划的开局之年，本套教材有幸整体入选《住房城乡建设部土建类学科专业"十三五"规划教材》。我们也期待能够利用本套教材策划出版的成功经验，在其他专业、其他地区组织出版体现区域特色的教材。

希望各学校积极选用本套教材，也欢迎广大读者在使用本套教材过程中提出宝贵意见和建议，以便我们在重印再版时得以改进和完善。

中国土木工程学会教育工作委员会江苏分会

中国建筑工业出版社

2016 年 12 月

前　言

随着人类活动对自然环境的影响日益严重，各行各业都大力提倡"节能环保"的理念。在此背景下，生态建筑和绿色施工的理念在建筑土木界开始盛行。本书秉承"应用型"的思想，以培养学生组织现场施工的能力为目标，采用理论和案例结合的方式，不仅编写了常规的流水施工原理和方法、网络计划技术的原理和应用、单位工程施工组织设计及施工组织总设计的编制方法等内容，而且重点编写了"绿色施工组织"的章节内容，以切合当前土木工程施工发展的趋势。

本书由梁培新（南京工程学院）、王利文（常州工学院）担任主编，胡桂祥（南京理工大学泰州学院）、张会（金肯职业技术学院）担任副主编。第1章、第4章由梁培新编写；第2章、第5章由王利文编写；第3章由胡桂祥编写；第6章由梁培新、张会共同编写。本书的编者由多名经验丰富的教师组成，主要是给土木工程专业的学生作为教学用书。书稿内容综合了编者多年的教学和工程实践经验，对从事施工管理的专业人员亦有裨益。

全书由梁培新统稿，东南大学土木工程学院罗斌教授担任主审，罗斌教授在百忙之中对全书进行了审阅，江苏省建筑工程集团袁刚高级工程师也对本书提出了很多宝贵的建议，在此深表谢意！在编写过程中参考和使用了许多文献资料和网络上的一些图片，谨此对相关人士表示诚挚的感谢！

限于编者的水平，书中难免存在不足之处，敬请读者批评指正。

编　者

2017 年 5 月

目　　录

第 1 章　施工组织概论

本章要点及学习目标

本章要点：
(1) 基本建设程序和建设项目的划分；
(2) 工程施工的一般程序步骤；
(3) 施工组织设计的分类和内容；
(4) 施工组织设计的编制、审核和审批；
(5) 施工准备的主要内容。

学习目标：
(1) 了解基本建设程序和建设项目的划分；
(2) 掌握工程施工的一般程序步骤；
(3) 掌握施工组织设计的分类和内容；
(4) 熟悉施工组织设计的编制、审核和审批；
(5) 掌握施工准备的主要内容。

施工组织是研究建筑产品的生产过程中各种生产要素（人力、材料、机械、资金、施工技术等）之间合理组织的问题。施工技术则是研究工程工种的方法和原理，两者既有联系又有区别。在施工项目开工前，应有计划地安排好生产要素、选择合适的施工方案、制定初步进度计划和施工现场的平面布置；在施工项目实施过程中，加强组织协调和科学管理；最终，使整个施工项目的质量、工期、成本、安全及施工过程中的环境保护等方面取得相对优化的效果。

1.1　基本建设程序和建设项目

1.1.1　基本建设程序

基本建设程序是指一个建设项目从计划、提出到决策，经过设计、施工直到投产使用的全部过程的各阶段、各环节以及各主要工作内容之间必须遵守的先后顺序。简而言之，即为一个建设项目在整个建设过程中各项活动必须遵循的先后顺序。

目前，我国大中型项目的建设过程大体上分为项目决策和项目实施两大阶段。项目决策阶段的主要工作包括：编制项目建议书、进行可行性研究及编制可行性研究报告。以"可行性研究报告得到批准"作为一个重要的"里程碑"，通常称为批准立项。立项后，建设项目进入实施阶段,主要工作是项目设计、建设准备、施工安装和使用前准备、竣工验收、投产使用等。

1.1.2　建设项目

建设项目是指需要一定的投资,按照一定的程序,在一定的时间内完成,符合质量要求的,以形成固定资产为明确目标的特定过程。建设项目有基本建设项目(新建、扩建、改建和重建等扩大再生产的项目)和技术改造项目(以改进技术、增加产品品种、提高质量、治理"三废"、改善劳动安全、节约资源为主要目的的项目)。建设项目的组成如下:

1. 建设项目

具有独立计划和总体设计,并按总体设计要求对该项目建设工程组织施工,在完成以后能独立形成生产能力或使用功能的项目称为建设项目。例如,一所学校、一个工厂、一座桥梁、一座变电站等。

2. 单项工程

具有独立设计文件,独立组织施工,完成后可独立发挥生产能力或工程效益的项目称为单项工程。单项工程是建设项目的组成部分,一项或若干项单项工程组成一个建设项目。例如,学校的一座教学楼、工厂的一个车间、一座收费站等。

3. 单位工程

具有独立设计,独立组织施工,但完成后不能独立发挥生产能力或工程效益的工程称为单位工程。单位工程是单项工程的组成部分。例如,一座教学楼的土建工程、设备安装工程、水暖卫生工程等,都称为单位工程。

4. 分部工程

单位工程按其所属部位或工程工种可划分为若干分部工程。根据《建筑工程施工质量验收统一标准》GB 50300—2013,建筑工程一般可以划分为10个分部工程:地基与基础、主体结构、建筑装饰装修、屋面工程、建筑给水排水及采暖、通风与空调、建筑电气、建筑智能化、建筑节能、电梯。

5. 分项工程

按不同的施工方法、构造及规格将分部工程划分为分项工程。例如,土方工程,钢筋工程,给水工程中的铸铁管、钢管、阀门等安装工程。

1.2　施工项目与施工程序

1.2.1　施工项目

施工项目是指建筑企业自施工承包投标开始到保修期满为止的全过程完成的项目,其特点在于:①施工项目是建设项目或其中的单项工程、单位工程的施工活动过程;②施工项目的管理主体是建筑企业;③施工项目的任务范围在施工合同中明确界定;④建筑产品具有多样性、固定性、体积庞大的特点。

1.2.2　施工程序

施工程序是拟建施工项目在整个施工阶段必须遵循的先后顺序,反映了土木工程施工的客观规律性。严格遵循和坚持按施工程序办事是提高施工效率、保证工程质量、降低施工成本的必要保证。

土木工程施工程序通常分为5个步骤进行：①承接任务，签订施工合同；②做好施工准备，提出开工报告；③组织施工，加强管理；④竣工验收，交付使用；⑤回访保修。

1. 承接任务，签订施工合同

建筑企业一般通过招投标的方式承接施工项目。建筑企业具备相应的施工资质可参与施工投标。建筑企业中标后，必须与建设单位（业主单位）签订施工合同，建设单位及时办理施工许可证等相关手续。

2. 做好施工准备，提出开工报告

土木工程施工是一个综合性很强的生产过程，每项工程开工前都必须进行充分的施工准备工作，目的是为施工创造必要的技术和物质条件。施工准备通常包括技术准备、物资准备、劳动组织准备、现场施工准备、施工场外协调准备，其核心是技术准备。

当各项施工准备工作已经落实，具备开工条件后（如：进行了图纸会审，施工组织设计已经批准，编制了施工预算，搭设了必要的临时设施，建立了现场组织管理机构，人力、物力和资金到位，现场"三通一平"已经做好），承接项目的施工单位可向主管部门申请开工，提出开工报告。表1-1为某工程开工报告示例。

开工报告示例　　　　　　　　　　　　表1-1

建设单位：＿＿＿＿＿＿＿＿＿

工程名称			工程地点		
施工单位			监理单位		
建筑面积		结构层数	中标价格		承包方式
定额工期		计划开工日期	计划竣工日期		合同编号

说明	内容示例： 图纸会审交底：　　　已进行的图纸会审工作 施工组织设计：　　　施工组织设计已批准 临时设施搭设：　　　已搭设完毕 施工项目部：　　　　项目部管理人员和工作人员均已到位 主要材料进场：　　　各主要材料已陆续进场、并进行了试验 施工预算和资金：　　已编制施工预算，资金已到位 三通一平：　　　　　水电均已送达施工现场，场地平整，符合施工要求 测量定位：　　　　　已完成测量定位放线工作 其他：　　　　　　　如施工许可证办理情况等

内容示例：上述准备工作已就绪，定于××××年××月××日正式开工，希建设（监理）单位于××××年××月××日前进行审核，特此报告。

施工单位(章)：＿＿＿＿＿＿
项目经理：＿＿＿＿　日期：＿＿＿＿

审核意见：(略)

总监理工程师(建设单位项目负责人)：＿＿＿＿＿＿
日期：＿＿＿＿＿＿

3. 组织施工，加强管理

开工报告经审查批准后，即可正式开展全面施工。此阶段是整个工程实施中最重要的一个阶段，应按批准的施工组织设计科学合理的组织施工，并进行全面的控制和管理，做好四控（质量、进度、成本、安全与环境保护控制）、两管（合同、信息管理）、一协调（组织协调）。

4. 竣工验收，交付使用

竣工验收是工程施工的最后一个阶段。在施工单位完成设计图纸和合同约定的所有内容后，应做好竣工验收的各项准备工作，严格按照国家有关质量验收规范评定工程质量，进行交工验收。凡是质量不合格的工程不准交工、不准报竣工面积，也不能交付使用。竣工验收合格后，施工单位与建设单位办理竣工结算和移交手续。工程竣工验收程序为：

（1）工程验收准备

在正式竣工验收前，施工单位应自检合格并申请竣工预验收，然后由监理单位组织工程竣工预验收。监理单位就预验收情况提出书面意见，施工单位进行整改合格后，编制《建设工程竣工验收报告》交监理工程师检查，由项目总监理工程师签署意见后，提交建设单位。

（2）组织工程竣工验收

建设单位组织工程竣工验收并主持验收会议。工程勘察、设计、施工、监理单位分别汇报工程合同履约情况和在工程建设各环节执行法律、法规和工程建设强制性标准情况。验收组审阅建设、勘察、设计、施工、监理单位的工程档案资料。验收组和专业组（由建设单位组织勘察、设计、施工、监理单位、监督站和其他有关专家组成）人员实地查验工程质量。专业组、验收组发表意见，分别对工程勘察、设计、施工、设备安装质量和各管理环节等方面作出全面评价，然后验收组形成工程竣工验收意见，填写《建设工程竣工验收报告》并签名（盖公章）。当参与工程竣工验收的各方不能形成一致意见时，应当协商提出解决的方法，待意见一致后，重新组织工程竣工验收。

（3）工程竣工验收的监督

监督站在审查建设单位送审的工程技术资料后，对该工程进行评价，并出具《建设工程施工安全评价书》。监督站在收到工程竣工验收的书面通知后，对照《建设工程竣工验收条件审核表》进行审核，并对工程竣工验收组织形式、验收程序、执行验收标准等情况进行现场监督，并出具《建设工程质量验收意见书》。

5. 回访保修

在合同约定的保修期内，施工单位应对工程出现的质量问题的部分进行维修，以满足设计和使用的要求。工程回访和保修，是建筑企业和建筑产品的售后服务阶段，不仅可以提高建筑企业的形象和信誉，而且通过回访和保修发现问题并处理问题，可以为其他项目积累经验。

1.3 施工组织设计

施工组织设计是以施工项目为对象编制的，用以指导其建设全过程各项施工活动的技术、经济、组织、协调和控制的综合性文件。它的基本任务是根据国家对建设项目的要求，确定经济合理的规划方案，对拟建工程在人力和物力、时间和空间、技术和经济、计划和组织等各方面作出全面合理的安排，以保证按照预定目标，优质、快速、节约、安全、环保地完成施工任务。

1.3.1 施工组织设计的分类

1. 按施工项目的规模划分

施工组织设计按照施工项目规模不同，施工组织设计可以分为：施工组织总设计、单项（单位）工程施工组织设计、分部（分项）工程施工设计。

（1）施工组织总设计

施工组织总设计是以一个建设项目或群体工程为对象编制的，用以指导其建设全过程各项全局性施工活动的综合性文件。它是整个施工项目的战略部署，其编制范围广，内容比较概况。在项目初步设计或扩大初步设计批准、明确承包范围后，在施工项目总承包单位的总工程师主持下，会同建设单位、设计单位和分包单位的负责工程师共同编制。它是编制单项（单位）工程施工组织设计或年度施工规划的依据。

（2）单项（单位）工程施工组织设计

单项（单位）工程施工组织设计是以一个建筑物、构筑物或其一个单位工程为对象进行编制，用以指导其施工全过程各项施工活动的综合性文件。它是建设项目施工组织总设计或年度施工规划的具体化，其编制内容更详细。它是在项目施工图纸完成后，在项目经理组织下，由项目工程师负责编制，并作为编制分部（分项）工程施工计划的依据。

（3）分部（分项）工程施工设计

分部（分项）工程施工设计是以一个分部（分项）工程或冬雨期施工项目为对象进行编制，用以指导其各项作业的综合性文件。它是单项（单位）工程施工组织设计和承包单位季（月）度施工计划的具体化，其编制内容更具体。它是在编制单项（单位）工程施工组织设计的同时，由项目主管技术人员负责编制，作为指导该项目具体专业工程施工的依据。

2. 按编制的目的与阶段划分

根据编制的目的和阶段不同，施工组织设计可划分为两类：一类是投标阶段的施工组织设计，即施工组织纲要（或称标前设计）；另一类是中标并签订工程承包合同后的施工组织设计，又称为实施性施工组织设计（或称标后设计）。

施工组织纲要是在工程招投标阶段，投标单位根据招标文件、设计文件及工程特点编制的有关施工组织的纲要性文件，即投标文件中的技术标，适用于工程的施工招投标阶段。施工组织纲要一般由项目经营管理层编制，其规划性强、操作性弱，其目的是为了中标。技术标和商务标（或经济标）组成了工程投标文件，并且在企业中标后将作为合同文件的一部分。

实施性施工组织设计是在建筑企业中标并签订合同后，在项目开工前应由项目部技术人员在技术标的基础上修改和完善而成，须经监理工程师审核后形成最终实施性的施工组织设计。实施性施工组织设计的作用是指导施工准备工作和施工全过程的各项工作。

施工组织纲要和实施性施工组织设计的区别可简要总结为表1-2。

施工组织纲要和实施性施工组织设计的区别   表 1-2

名称	编制时间	编制目的	编制者	主要特性
施工组织纲要	投标前	投标和签约	经营管理层	战略性、规划性
实施性施工组织设计	中标后	指导工程实施	项目管理层	实施性、指导性

1.3.2　施工组织设计的内容

施工组织设计的内容主要包括：工程概况、施工部署、施工方案、施工进度计划、施工平面布置、主要施工管理计划和措施。

（1）工程概况是概括性的说明工程的情况，主要说明：工程性质和作用，建筑和结构的特征，建造地点的特征，工程施工特征。

（2）施工部署是对整个施工项目进行总体的布置和安排，主要确定：项目组织机构，全面部署施工任务，施工管理的目标，合理安排施工顺序，主要工程的施工方法。

（3）施工方案是整个施工组织设计的核心，主要是确定施工方法和施工机械。施工方案应结合工程实际情况，选择技术可行、经济合理、安全可靠的方案。

（4）施工进度计划是施工项目在时间上的计划和安排，施工进度计划在实施过程中经常会根据工程的实际进度进行调整和优化。

（5）施工平面图是施工项目在空间上的计划和安排，主要明确以下布置：拟建和已建建（构）筑物的位置，垂直运输机械，道路、生产临时设施，生活临时设施、水电网路等。

（6）主要施工管理计划和措施包括质量、进度、安全、环境保护、成本管理计划和保证措施。

1.3.3　施工组织设计的编制、审批

1. 施工组织设计的编制

（1）施工组织设计的编制原则

1）贯彻国家工程建设的法律、法规、方针和政策，严格执行基本建设程序和施工程序，认真履行承包合同，科学地安排施工顺序，保证按期或提前交付业主使用。

2）根据实际情况，拟定技术先进、经济合理的施工方案和施工工艺，认真编制各项实施计划和技术组织措施，严格控制工程质量、进度、成本，确保安全生产和文明施工，做好职业安全健康、环境保护工作。

3）采用流水施工方法和网络计划技术，采用有效的劳动组织和施工机械，组织连续、均衡、有节奏的施工。

4）科学安排冬雨期及夏季高温、台风等特殊环境条件下的施工项目，落实季节性施工措施，保证全年施工的均衡性、连续性。

5）贯彻多层技术结构的技术政策，因时、因地制宜促进技术进步和建筑工业化的发展，不断提高施工机械化、预制装配化，改善劳动条件，提供劳动生产率。

6）尽量利用现有设施和永久性设施，努力减少临时工程；合理确定物资采购及存储方式，减少现场库存量和物资损耗；科学地规划施工总平面。

（2）施工组织设计的编制方法

1）拟建工程中标后，施工单位必须编制实施性施工组织设计。工程实行总包和分包的，由总包单位负责编制施工组织设计，分包单位在总包单位的总体安排下负责编制分包工程的施工组织设计。

2）对构造复杂、施工难度大以及采用新工艺和新技术的工程项目，要进行专业性的研究，组织有经验的技术人员或专家召开会议进行讨论。

3）在施工组织设计编制过程中，要充分发挥各职能部门的作用，让不同部门的技术和管理人员参与到编制过程中来，合理地进行交叉配合设计。

4）当形成较完整的施工组织设计方案之后，应组织参编人员及相关单位讨论研究，修改完善后形成正式的施工组织设计文件，送交主管部门审批。

2. 施工组织设计的审批

施工组织设计编制后，应履行审核和审批程序：①施工组织总设计应由总承包单位的技术负责人审批，经总监理工程师审查后实施；②单位工程施工组织设计应由承包单位技术负责人审批，经总监理工程师审查后实施；③分部、分项或专项工程施工方案应由项目技术负责人审批，经监理工程师审查后实施。表 1-3 为施工组织设计报审表示例。

施工组织设计报审表　　　　　　　　　　　　　　表 1-3

工程名称：＿＿＿＿＿＿＿＿＿＿＿＿

致：＿＿＿＿＿＿＿＿（监理单位） 　我方已根据施工合同的有关规定完成了＿＿＿＿＿＿＿工程施工组织设计的编制，并经我单位上报技术负责人审查批准，请予以审查。 　附件：施工组织设计 　　　　　　　　　　　　　　　　　　承包单位(章)：＿＿＿＿＿＿＿ 　　　　　　　　　　　　　　　　　　　项目经理：＿＿＿＿日期：＿＿＿＿
专业监理工程师审查意见： 　　　　　　　　　　　　　　　　　专业监理工程师：＿＿＿＿日期：＿＿＿＿
总监理工程师审核意见：项目监理机构(章)：＿＿＿＿＿＿＿ 　　　　　　　　　　　　　　　总监理工程师：＿＿＿＿＿ 　　　　　　　　　　　　　　　　　　　　　　　日期：＿＿＿＿＿

对于危险性较大的分部分项工程在施工前应编制专项方案，危险性较大的分部分项工程范围如下：基坑支护、降水工程；土方开挖工程；模板工程及支撑体系；起重吊装及安装拆卸工程；脚手架工程；拆除、爆破工程；其他（建筑幕墙安装工程；钢结构、网架和索膜结构安装工程；人工挖扩孔桩工程；地下暗挖、顶管及水下作业工程；预应力工程；采用新技术、新工艺、新材料、新设备及尚无相关技术标准的危险性较大的分部分项工程）。建筑工程实行施工总承包的，专项方案应当由施工总承包单位组织编制。其中，起重机械安装拆卸工程、深基坑工程、附着式升降脚手架等专业工程实行分包的，其专项方案可由专业承包单位组织编制。危险性较大的专项方案应当由施工单位的专业技术人员进行审核，由施工单位技术负责人和总监理工程师签字后实施。

对于超过一定规模的危险性较大的分部分项工程，施工单位应当组织专家对专项方案进行审查论证。专家组成员应当由 5 名及以上符合相关专业要求的专家组成。例如：开挖深度不小于 5m 的深基坑开挖、支护、降水工程；高大模板工程（搭设高度 8m 及以上，或搭设跨度 18m 及以上，或施工总荷载 15kN/m² 及以上，或集中线荷载 20kN/m 及以上）；搭设高度 50m 及以上落地式钢管脚手架工程，或架体高度 20m 及以上悬挑式脚手架工程；施工高度 50m 及以上的建筑幕墙安装工程；开挖深度超过 16m 的人工挖孔桩工程。

1.3.4　施工组织设计的贯彻执行

施工组织设计编制和审批后，必须在施工实践中认真地贯彻和执行。施工组织设计由谁负责编制，即由谁负责贯彻。一般在工程开工前由技术部门召集有关人员参加，逐级进行交底，这样意图明确，便于贯彻执行，有利于全面指导施工。施工组织设计在实施过程中应实行动态管理，经常性地对施工组织设计执行情况进行检查，必要时进行调整和补充，且经修改和补充的施工组织设计应重新审批后实施。工程施工过程中，应对施工组织设计的执行情况进行检查、分析并适时调整，从而达到全面完成施工任务的要求。

1.4　施工准备

施工准备是工程项目施工的重要阶段之一，其基本任务就是为拟建工程建立必要的技术、物质和组织条件，统筹安排施工力量和布置施工现场。施工准备工作是施工企业搞好目标管理、推行技术经济承包的重要依据，同时还是土建施工和设备安装顺利进行的根本保证。

1.4.1　施工准备工作的分类

1. 按准备工作范围分

（1）全场性施工准备

它是以一个建设项目施工为对象而进行的各项施工准备，其目的和内容都是为全场性施工服务的，它不仅要为全场性的施工活动创造有利条件，而且要兼顾单项工程施工条件的准备。

（2）单项（位）工程施工条件准备

它是以一个建（构）筑物为对象而进行的施工准备，其目的和内容都是为该单项（位）工程服务的，它既要为单项（位）工程做好开工前的一切准备，又要为其分部（项）工程施工进行作业条件的准备。

（3）分部（项）工程作业条件准备

它是以一个分部（项）工程或冬、雨期施工工程为对象而进行的作业条件准备。

2. 按拟建工程所处施工阶段分

（1）开工前的施工准备工作

它是在拟建工程正式开工前所进行的一切施工准备，其目的是为工程正式开工创造必要的施工条件；它既包括全场性的施工准备，又包括单项工程施工条件的准备。

（2）开工后的施工准备工作

它是在拟建工程开工后，每个施工阶段正式开始之前所进行的施工准备。如现浇钢筋混凝土框架结构，通常分为地基基础工程、主体结构工程（含屋面工程）、装饰装修工程等施工阶段，每个阶段的施工内容不同，其做好物资技术条件、组织要求和现场布置等方面也不同。因此，必须做好相应的施工准备。

1.4.2 施工准备工作的内容

施工准备的主要工作包括：技术准备、物资准备、劳动组织准备、施工现场准备、施工场外协调准备。

1. 技术准备

技术准备是施工准备工作的核心，对工程的质量、安全、成本、工期的控制具有重要意义，其主要内容如下：

（1）认真做好扩大初步设计方案的审查工作

任务确定以后，应提前与设计单位结合，掌握扩大初步设计方案编制情况，使方案的设计，在质量、功能、工艺技术等方面均能适应建材、建工的发展水平，为施工扫除障碍。

（2）熟悉和审查施工图纸

1）施工图纸是否完整和齐全；施工图纸是否符合国家有关工程设计和施工的方针及政策。

2）施工图纸与其说明书在内容上是否一致；施工图纸及其各组成部分间有无矛盾和错误。

3）建筑图与其相关的结构图，在尺寸、坐标、标高和说明方面是否一致，技术要求是否明确。

4）熟悉工业项目的生产工艺流程和技术要求，掌握配套投产的先后次序和相互关系；审查设备安装图纸与其相配合的土建图纸，在坐标和标高尺寸上是否一致，土建施工的质量标准能否满足设备安装的工艺要求。

5）基础设计或地基处理方案同建造地点的工程地质和水文地质条件是否一致；弄清楚建筑物与地下构筑物、管线间的相互关系。

6）掌握拟建工程的建筑和结构的形式和特点，需要采哪些新技术；复核主要承重结构或构件的强度、刚度和稳定性能否满足施工要求；对于工程复杂、施工难度大和技术要求高的分部（项）工程，要审查现有施工技术和管理水平能否满足工程质量和工期要求；建筑设备及加工订货有何特殊要求等。

熟悉和审查施工图纸主要是为编制施工组织计划提供各项依据，通常按图纸自审、会审和现场签证三个阶段进行。图纸自审由施工单位主持，并写出图纸自审记录；图纸会审由建设单位主持，设计和施工单位共同参加，形成"图纸会审纪要"，由建设单位正式行文，三方共同会签并盖公章，作为指导施工和工程结算的依据；图纸现场签证是在工程施工中，遵循技术核定和设计变更签证制度，对所发现的问题进行现场签证，作为指导施工、竣工验收和结算的依据。

（3）原始资料调查分析

1）自然条件调查分析

它包括建设地区的气象、建设场地的地形、工程地质和水文地质、施工现场地上和地下障碍物情况、周围民宅的坚固程度及其居民的健康状况等项调查；为编制施工现场的

"四通一平"计划提供依据，如地上建筑物的拆除、高压输电线路的搬迁、地下构筑物的拆除和各种管线的搬迁等项工作；减少施工公害，如打桩工程应在打桩前，对居民的危房和居民中的心脏病患者，采取保护性措施。

2）技术经济条件调查分析

它包括地方建筑生产企业、地方资源、交通运输、水电及其他能源、主要设备、国拨材料和特种物资，以及他们的生产能力等项目的调查。

（4）编制施工预算

施工预算应按照施工图纸、施工组织设计或施工方案、施工定额等文件，由施工单位编制。它是施工企业内部控制用工量（签发施工任务单）、用料量（限额领料）的依据，是控制成本支出、"两算"（施工预算和施工图预算）对比和经济核算的依据。

（5）编制施工组织设计

根据拟建工程的规模、结构特点和建设单位要求等，编制能切实指导该工程施工全过程的施工组织设计。

2. 物资准备

（1）物资准备工作内容

1）建筑材料准备

根据施工预算的材料分析和施工进度计划的要求，编制建筑材料需要量计算，为施工备料、确定仓库和堆场面积以及组织运输提供依据。

2）构（配）件和制品加工准备

根据施工预算所提供的构（配）件和制品加工要求，编制相应技术，为组织运输和确定堆场面积提供依据。

3）建筑施工机具准备

根据施工方案和进度计划的要求，编制施工机具需要量计划，为组织运输和确定机具停放场地提供依据。

4）生产工艺设备准备

按照生产工艺流程及其工艺布置图的要求，编制工艺设备需要量计算，为组织运输和确定堆场面积提供依据。

（2）物资准备工程程序

① 制定各种物资需要量技术；

② 签订物资供应合同；

③ 制定物资运输方案和计划；

④ 组织物资按计划进场和保管。

3. 劳动组织准备

（1）建立施工项目领导机构

根据工程规模、结构特点和复杂程度，确定施工项目领导机制的人选和名额；遵循合理分工与密切协作、因事设职与因职选人的原则，建立有施工经验、有开拓精神和工作效率高的施工项目领导机构。

（2）建立精干的工作队组

根据采用的施工组织方式，确定合理的劳动组织，建立相应的专业或混合工作队组。

（3）集结施工力量、组织劳动力进场

按开工日期和劳动力需要计划，组织工人进场，安排好职工生活，并进行安全、防火和文明施工等教育。

（4）做好职工入场教育工作

为落实施工计划和技术责任制，应按管理系统逐级进行交底。交底内容，通常包括：工程施工进度计划和月、旬作业计划；各项安全技术措施、降低成本措施和质量保证措施；质量标准和验收规范要求；以及设计变更和技术核定事项等，都应详细交底，必要时进行现场示范；同时健全各项规章制度，加强遵纪守法教育。

4. 施工现场准备

（1）施工现场控制网测量

根据给定永久性坐标和高程，按照建筑总平面图要求，进行施工场地控制网测量，设置场区永久性控制测量标桩。

（2）做好"四通一平"，认真设置消火栓

确保施工现场水通、电通、道路畅通、通信畅通和场地平整；按消防要求，设置足够数量的消火栓。

（3）建造施工设施

按照施工平面图和施工设施需要量计划，建造各项施工设施，为正式开工准备好用房。

（4）组织施工机具进场

根据施工机具需要量计划，按施工平面图要求，组织施工机械、设备和工具进场，按规定地点和方式存放，并应进行相应的保养和试运转等项工作。

（5）组织建筑材料进场

根据建筑材料、构（配）件和制品需要量计划，组织其进场，按规定地点和方式储存或堆放。

（6）拟定有关试验、试制项目计划

建筑材料进场后，应进行各项材料的试验、检验。对于新技术项目，应拟定相应试制和试验计划，并均应在开工前实施。

（7）做好季节性施工准备

按照施工组织设计要求，认真落实冬施、雨施和高温季节施工项目的施工设施和技术组织措施。

5. 施工场外协调准备

（1）材料加工和订货

根据各项资源需要量计划，同建材加工和设备制造部门或单位取得联系，签订供货合同，保证按时供应。

（2）施工机具租赁或订购

对于本单位缺少且需用的施工机具，应根据需要量计划，同有关单位共订租赁合同或订购合同。

（3）做好分包或劳务安排，签订分包或劳务合同

对于经过效益分析，适于分包或委托劳务而本单位难以承担的专业性工程，如大型土

石方、结构安装和设备安装等工程，应及早做好分包或劳务安排，同相应的单位公司签订分包或劳务合同，保证实施。

为落实上述各项施工准备工作，建立、健全施工准备的责任和检查等制度，使其有领导、有组织和有计划地进行，应编制施工准备工作计划。

本章小结

本章首先指出了施工组织和施工技术两门课程研究对象的区别，施工组织是研究各种生产要素之间的合理组织问题，包括人力、材料、机械、资金、施工技术等。为了使学生了解"施工组织"课程在工程建设整体上所处的位置，我们从介绍基本建设程序、建设项目的划分开始，一直介绍到施工项目和施工程序的概念。学生学习完本书后，应当会编制施工组织设计。施工组织设计是以施工项目为对象编制的，用以指导其建设全过程各项施工活动的技术、经济、组织、协调和控制的综合性文件，其在投标阶段和中标后的实施阶段编制的侧重点有所不同，这是由于两者的目的不同而造成的。本章最后介绍了施工准备的工作内容，并指出"技术准备"是施工准备工作的核心，对工程的质量、安全、成本、工期的控制具有重要意义，必须认真做好。

思考与练习题

1-1　什么是基本建设程序？

1-2　一般土木工程的施工程序包括哪些步骤？

1-3　施工组织设计分几类？各类区别是什么？

1-4　施工组织设计的内容包括哪些？

1-5　施工组织设计的编制原则有哪些？

1-6　施工组织设计的审批程序是什么？

1-7　哪些工程需要编制专项方案并组织专家论证？

1-8　施工准备工作包括哪些内容？

1-9　技术准备的主要内容有哪些？

第 2 章　流水施工组织

本章要点：
(1) 组织施工的三种方式及其特点；
(2) 流水施工的概念、特点和表达方式；
(3) 流水施工参数的分类及其内容；
(4) 全等节拍流水、异节奏流水、无节奏流水施工的组织方法；
(5) 流水线法流水组织方法。

学习目标：
(1) 了解组织施工的三种方式及其特点；
(2) 熟悉流水施工的概念、特点和表达方式；
(3) 了解工艺参数、空间参数和时间参数的概念；
(4) 掌握全等节拍流水、异节奏流水、无节奏流水施工的组织方法；
(5) 了解流水线法流水组织方法。

2.1　基本概念

2.1.1　组织施工的基本方式

在土木工程施工中，组织施工需要考虑工程项目的施工特点、工艺流程、资源利用、平面或空间布置等因素，组织施工的基本方式一般有依次施工（亦称顺序施工）、平行施工和流水施工三种组织方式，对于相同的施工对象，当采用不同的作业组织方法时，其效果也各不相同。为了能更清楚地说明它们各自的特点、概念及流水施工的优越性，下面举一例对它们进行分析和对比。

【例题 2-1】　某三栋建筑物的基础工程，除褥垫层每栋施工需要 1 周外，其余每个专业队在每栋建筑物的施工作业时间均为 3 周，各专业队的人数分别为 10 人、20 人、15 人和 25 人。试比较三栋建筑物基础工程采用不同组织方式安排进度的优缺点。

【解】

1. 依次施工（顺序施工）

依次施工是按照一定的施工顺序，前一个施工过程完成后，后一个施工过程开始施工；或先按一定的施工顺序完成前一个施工段上的全部施工过程后再进行下一个施工段的

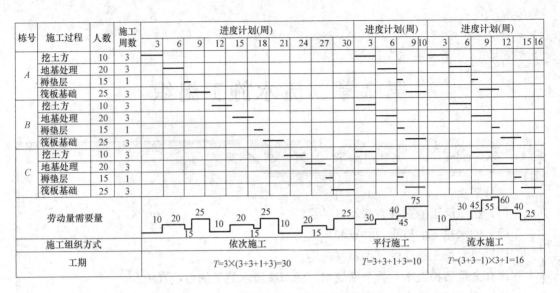

图 2-1　不同组织方式对比分析图

施工，直到完成所有的施工段上的作业。按照依次施工的方式组织上述工程施工，其施工进度、工期和劳动力动态变化曲线如图 2-1 所示。由图 2-1 可见依次施工具有以下优缺点：

（1）优点

① 单位时间内投入的劳动力、材料、机具资源量较少且较均衡，有利于资源供应的组织工作；

② 施工现场的组织、管理较简单。

（2）缺点

① 不能充分利用工作面去争取时间，工期长；

② 各专业班组不能连续工作，产生窝工现象；（宜采用混合队组）

③ 不利于实现专业化施工，不利于改进工人的操作方法和施工机具，不利于提高劳动生产率和工程质量。

因此，依次施工一般适用于场地小、资源供应不足、工作面有限、工期不紧、规模较小的工程，例如住宅小区非功能性的零星工程。依次施工适合组织大包队施工。

2. 平行施工（各队同时进行）

平行施工即组织几个相同的综合作业队（或班组），在各施工段上同时开工、齐头并进的一种施工组织方式。由图 2-1 可见平行施工具有以下优缺点：

（1）优点

充分利用了工作面，工期短。

（2）缺点

① 单位时间内投入施工的资源集中供应；

② 不利于实现专业化施工队伍连续作业，不利于提高劳动生产率和工程质量；

③ 施工现场组织、管理较复杂。

所以，平行施工的组织方式只有在拟建工程任务十分紧迫，工作面允许以及资源能够保证充足供应的条件下才适用，例如抢险救灾工程。

3. 流水施工

流水施工即组织专业作业队（或班组），在不同施工段上依次连续地工作的一种施工组织方式。由图 2-1 可见平行施工具有以下优缺点：

（1）优点

① 科学地利用了工作面，工期较合理，能连续、均衡地生产；

② 实现了工人专业化施工，操作技术熟练，有利于保证工作质量，提高劳动生产率；

③ 参与流水的专业工作队能够连续作业，相邻的专业工作队之间实现了最大限度的合理搭接；

④ 单位时间内投入施工的资源量较为均衡，有利于资源供应的组织管理工作；

⑤ 为文明施工和现场的科学管理创造了有利条件。

（2）缺点

施工过程中的各专业作业队根据施工顺序逻辑制约，如果其中一个专业作业队滞后，其后专业作业队就要受到影响，直至影响工期。

显然，采用流水施工的组织方式，充分利用时间和空间，明显优于依次施工和平行施工。

4. 结论

通过三种施工组织方式的比较可以看出，流水施工是一种科学、有效的施工组织方法，它可以充分地利用工作时间和操作空间，减少非生产性劳动消耗，提高劳动生产率，保证工程施工连续、均衡、有节奏地进行，从而对提高工程质量、降低工程造价、缩短工期有着显著的作用。

2.1.2 流水施工的实施步骤和效果

1. 流水施工的实施步骤

1）将拟建工程项目的全部建造过程在工艺上分解为若干个施工过程（分项工程、工序）。

2）将拟建工程项目在平面上划分成若干个劳动量大致相等的施工段，在竖向上划分成若干个施工层。

3）按照施工过程相应地组织若干个专业作业队（班组），按照施工段劳动量及要求的作业时间确定专业作业队的规模。

4）不同的专业作业队按工艺逻辑顺序依次投入到各施工层施工段上施工，有逻辑关系的相邻两个专业工作队在开工时间上最大限度地、合理地搭接起来，每个专业作业队从第一施工层各个施工段的相应施工过程全部完成后，依次、连续地投入到第二、第三、…第 n 施工层，保证工程项目各施工过程在时间和空间上，有节奏、连续、均衡地进行下去，直到完成全部工程任务。

2. 流水施工的实施效果

（1）施工作业节奏性、连续性

由于流水施工方式建立了合理的劳动组织，工作班组实现了专业化生产，人员工种比较固定，为工人提高技术水平、改进操作方法以及革新生产工具创造了有利条件，因而促进了劳动生产率的不断提高和工人劳动条件的改善。

同时由于工人连续作业，没有窝工现象，机械闲置时间少，增加了有效劳动时间，从而使施工机械和劳动力的生产效率得以充分发挥（一般可提高劳动生产率30％以上）。

（2）资源供应均衡性

在资源使用上，克服了高峰现象，供应比较均衡，有利于资源的采购、组织、存储、供应等工作。

（3）工期合理性

由于流水施工的节奏性、连续性，消除了各专业班组投入施工后的等待时间，可以加快各专业队的施工进度，减少时间间隔；充分利用时间与空间，在一定条件下相邻两施工过程还可以互相搭接，做到尽可能早地开始工作，从而可以大大地缩短工期（一般工期可缩短 1/3～1/2）。

（4）施工质量更容易保证

正是由于实行了专业化生产，工人的技术水平及熟练程度也不断提高，而且各专业队之间紧密地搭接作业，只有紧前作业队提供合格的成果，紧后作业队才能衔接工作，得到互检的目的，从而使工程质量更容易得到保证和提高，便于推行全面质量管理工作，为创造优良工程提供了条件。

（5）降低工程成本

由于流水施工资源消耗均衡，便于组织资源供应，使得资源存储合理、利用充分，可以减少各种不必要的损失，节约了材料费；生产效率的提高，可以减少用工量和施工临时设施的建造量，从而节约人工费和机械使用费，减少了临时设施费；工期较短，可以减少企业管理费，最终达到降低工程成本，提高企业经济效益的目的（一般可降低成本6％～12％）。

2.1.3 流水施工常用的表达方式

组织流水施工的表达形式常用线条图和网络图两种。

1. 流水施工的线条图

线条图是一种用于表达工程生产进度的方法，它是第一次世界大战期间由美国人亨利·甘特所创造的，也称甘特图，又根据其横坐标、纵坐标所表达内容的不同分为水平表示图表和垂直表示图表。

（1）水平表示图表

水平表示图表又叫横道图，其表达形式见图 2-2，图中纵坐标表示施工过程的名称或编号，横坐标表示流水施工在时间坐标下的施工进度，每条水平线段的长度则表示某施工过程在某个施工段的作业延续时间，横道位置的起止表示某施工过程在某施工段上作业开始、结束的时间。

【例题 2-2】某工程划分两个施工段，其施工过程分别为 A、B、C，其流水节拍分别为 2d、3d、1d。该工程用横道图表示的进度计划，如图 2-2 所示。

横道图是在标有时间的表格中用横道线表示各项作业的起止时间和延续时间，从而表达出一项工作的全面计划安排。在横道图表示方法中，以横坐标表示整个工程项目的开工时间、完成时间、整个工程项目施工工期；纵坐标表示施工过程依次为 A、B、C；带有

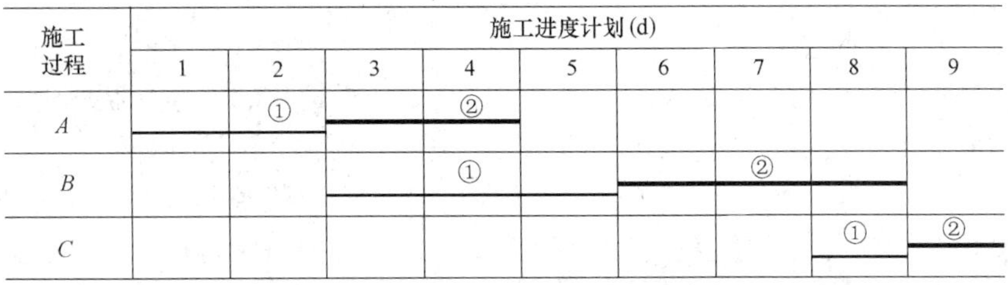

施工过程	施工进度计划(d)								
	1	2	3	4	5	6	7	8	9
A		①		②					
B				①				②	
C								①	②

图 2-2 某工程流水施工的进度计划横道图

编号的一系列水平线段分别表示在两个施工段上各专业施工队的施工进度安排、工作持续时间及工作之间的相互搭接关系。

横道图表示方法的优点是进度安排计划表达简单、清晰、直观、易懂，绘制方法简单、易学，使用方便，施工过程及先后顺序表达清楚，由于有时间坐标，各项工作的起止时间、工作持续时间、工程进度、总工期和流水作业情况都一目了然，也便于劳动力和资源的计算和累加。

它的缺点是：不能反映出整个工程施工进程中各工序之间相互依赖、相互制约的关系；施工过程中的关键工作和关键线路不明确，使人们抓不住工作的重点；不能反映出某一工序的改变对工程进展的影响，不利于对施工进度计划的优化调整，难以实现缩短工期、降低成本、合理利用资源的目标。

横道图一般用于施工任务简单的小工程，或施工任务划分较为粗略的工程。

（2）垂直表示图表

垂直表示图表又叫斜线图，斜线图中纵坐标表示各施工段编号，横坐标表示流水施工过程在时间坐标下的施工进度，斜线的斜率反映施工过程的施工速度，斜率越大则表明施工速度越快。斜线水平投影的长度表示某施工过程在某个施工段的持续时间，施工过程的紧前、紧后关系由斜线的前后位置表示。

如图 2-3 所示，图中横坐标表示整个工程项目的开工时间、完成时间、整个工程项目施工工期；纵坐标表示流水施工所处空间位置，纵坐标的施工段编号是由下而上编写，一组斜线表示各施工过程和专业施工队的施工进度安排。用垂直图表表示时，若施工进度线是一条斜率不变的直线，则表示各施工过程在各施工段上持续时间相等，属于节奏流水施工；若施工进度线是一条由斜率不同的几个线段所组成的折线，则表示施工过程在各施工段上的持续时间不等，属于非节奏流水施工。

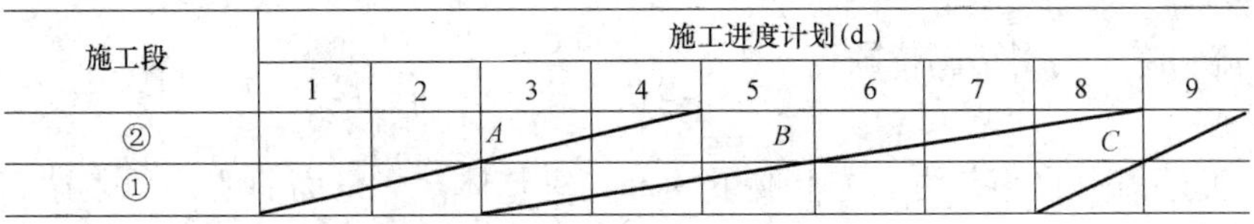

施工段	施工进度计划(d)								
	1	2	3	4	5	6	7	8	9
②			A			B		C	
①									

图 2-3 某工程流水施工的进度计划斜线图

垂直图表示方法的优点是施工过程及先后顺序表达清楚，施工工期一目了然，施工段划分表达直观，其斜线的斜率形象地反映出各施工过程的流水强度。垂直表示图在线性工程中使用较多。

2. 流水施工的网络图

（1）流水施工的网络图形式

网络图是指由箭线和节点组成，用来表示工作流程的有向、有序网状图形。用网络图表达任务构成、工作顺序并加注工作时间参数的进度计划称为网络计划。

按网络图代号不同，网络计划可分为双代号网络图和单代号网络图。双代号网络图是指以箭线及其两端节点的编号表示工作的网络图。单代号网络图是指以节点及其编号表示工作，以箭线表示工作之间逻辑关系的网络图。【例题 2-2】的双代号网络图如图 2-4 所示，单代号网络图如图 2-5 所示。

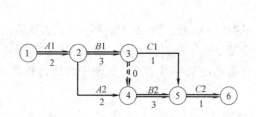

图 2-4　双代号网络图

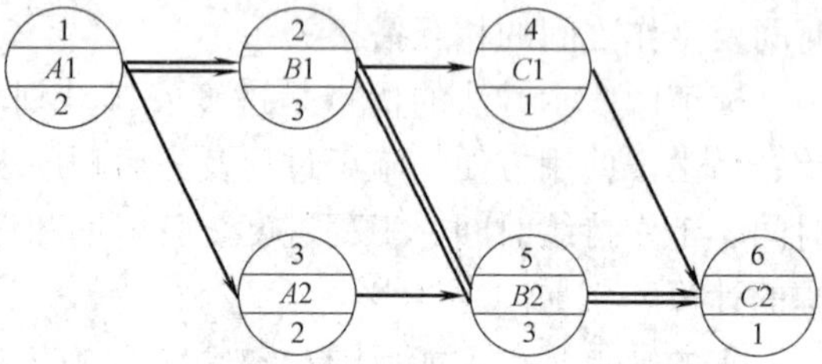

图 2-5　单代号网络图

按网络图进度计划时间的表达方式不同，网络计划可分为无时标网络计划和时标网络计划。以时间坐标为尺度编制的网络计划称为时标网络计划。【例题 2-2】的双代号时标网络计划如图 2-6 所示。

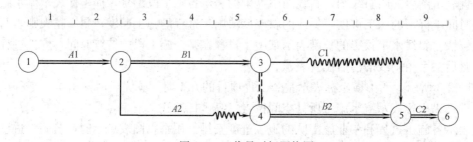

图 2-6　双代号时标网络图

用网络图表达任务构成、工作顺序并加注工作时间参数的进度计划称为网络计划。网络计划是反映和表达施工计划安排的一种方法，把工程进度安排通过网络的形式直观地反映出来。

（2）流水施工的网络图优缺点

优点是：

① 施工过程中的各有关工作组成了一个有机整体，能全面而明确地表达出各项工作开展的先后顺序和它们之间相互制约、相互依赖的关系；

② 可以反映出整个工程和任务的全貌，对影响全局的关键工作和关键线路一目了然，便于抓住重点，确保施工工期；

③ 通过对时间参数的计算，可以实现对网络计划进行优化和调整，实现缩短工期、降低成本、合理利用资源的目标；

④ 可以预测某一工作推迟或提前及对整个计划的影响程度，并能根据变化的情况迅速进行调整，保证计划始终受到控制和监督；

⑤ 便于利用计算机进行网络图绘制和网络图调整。

缺点是：

① 计划表达不够直观，不易看懂；

② 不能反映流水施工的特点；

③ 不易显示资源平衡情况。

2.2 流水施工参数

在组织流水施工时，为了说明各施工过程在时间和空间上的开展情况及相互依存关系，这里引入一些描述工艺流程、空间布置和时间安排等方面的特征和各种数量关系的参数，称为流水施工参数。按其性质的不同，一般可分为工艺参数、空间参数和时间参数。

2.2.1 工艺参数

工艺参数主要是指在组织流水施工时，用以表达流水施工在施工工艺上的开展顺序及其特征的参数，通常包括施工过程数和流水强度两个参数。

1. 流水施工过程

（1）施工过程种类

施工过程的数目一般用"n"表示，它是流水施工的主要参数之一。根据其性质和特点不同，施工过程一般分为三类，即建造类施工过程、运输类施工过程和制备类施工过程。

1）制备类施工过程，是指为了提高土木工程生产的工厂化、机械化程度而预先加工和制造建筑半成品、构配件等而进行的施工过程。如砂浆、混凝土、门窗、构配件及其他制品的制备过程。

2）运输类施工过程，是指将土木工程建筑材料、成品、半成品、构配件、设备和制品等物资，运到工地仓库或现场操作使用地点而形成的施工过程。

3）建造类施工过程，是指在施工对象的空间上直接进行施工（砌筑、浇筑），最终形成建筑产品的施工过程。它是建设工程施工中占有主导地位的施工过程，如建筑物或构筑物的基础工程、主体结构工程等。

由于建造类施工过程占有施工对象的空间，直接影响工期的长短，因此，必须列入施工进度计划，并大多作为主导施工过程或关键工作。

运输类与制备类施工过程一般不占施工对象的空间，不影响工期，故不需要列入流水施工进度计划之中；只有当其占有施工对象的工作面，影响工期时，才列入施工进度计划之中。例如，对于采用装配式钢筋混凝土结构的土木工程，钢筋混凝土构件的现场制作过程就需要列入施工进度计划之中，如果不在现场预制，就不列入施工进度计划之中。同样，结构安装中的构件吊运施工过程也需要列入施工进度计划之中。

（2）流水施工过程划分

流水施工的施工过程划分的粗细程度由实际需要而定，以不简不繁的原则进行划分。

确定施工过程数应考虑的因素：

1）施工过程数目的确定，可依据项目结构特点、施工进度计划在客观上的作用、采用的施工方法及对工程项目的工期要求等因素综合考虑。一般情况下，可根据施工工艺顺序和专业班组性质按分项工程进行划分，如一般混合结构住宅的施工过程大致可分为20～30个；对于工业建筑，施工过程可划分得多些。

2）施工过程数要划分适当，没有必要划分得太多、太细，给各种计算增添麻烦，在施工进度计划上也会带来主次不分的缺点；但也不宜划分太少，以免计划过于笼统，失去指导施工的作用。

3）当编制控制性的施工进度计划时，其施工过程应划分的粗些、综合性大些，一般只列出分部工程名称，如基础分部、主体分部、装饰分部、屋面分部等。当编制实施性的施工进度计划时，其施工过程应划分的细些、具体些，可将分部工程再分解为若干个分项工程，如将基础工程分解为基坑降水、挖土方、基础处理、垫层、基础模板、基础钢筋、基础混凝土、回填土等。对于其中起主导作用的分项工程，往往需要考虑按专业工种组织专业施工队进行施工，为便于掌握施工进度和指导施工，可将分项工程再进一步分解成若干个由专业工种施工的工序作为施工过程等。

在【例题2-1】中，地基处理施工过程后，如果为CFG桩处理，那么褥垫层施工过程实际包括清凿桩头、铺级配砂卵褥垫层、浇筑混凝土垫层三个施工过程，为了使流水简化，我们把三个过程合并为一个综合褥垫层施工过程。

同时，为了充分利用工作面，有些施工过程不参与流水更有利。换句话，组织流水施工时，只要安排好主导施工过程（即工程量大、持续时间长）连续均衡即可。而非主导施工过程（即工程量小、持续时间短），可以安排其不连续施工。例如图2-1中褥垫层施工过程就做了间断安排。对比不间断安排图2-7流水施工，褥垫层连续施工，工期延长4d。所以合理间断安排有利于缩短工期。

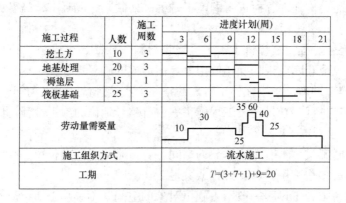

图2-7　非主要施工过程连续安排示意

2. 流水强度

流水强度是指流水施工的某施工过程（专业工作队）在单位时间内所完成的工程量（如浇筑混凝土施工过程每工作班能浇筑多少立方米混凝土），也称为流水能力或生产能力，一般用"V"表示。

（1）机械施工过程的流水强度

$$V_i = \sum_{i=1}^{x} R_i S_i \qquad (2\text{-}1)$$

式中 V_i——投入施工过程 i 的机械施工流水强度；

R_i——第 i 种施工机械的台数；

S_i——投入该施工过程中第 i 种资源的产量定额；

x——用于同一施工过程的主导施工机械种类数。

（2）手工操作施工过程的流水强度

$$V_i = R_i S_i \qquad (2\text{-}2)$$

式中 V_i——投入施工过程 i 的人工操作流水强度；

R_i——投入施工过程 i 的工作队人数；

S_i——投入施工过程 i 的工作队的工人每班平均产量定额。

2.2.2 空间参数

在组织流水施工时，用以表达流水施工在空间布置上所处状态的参数，称为空间参数。它包括工作面、施工段数和施工层。

1. 工作面

工作面是指供工人或机械进行施工的活动空间，一般用 "A" 表示。工作面的形成有的是工程一开始就形成的，如基槽开挖，也有一些工作面的形成是随着前一个施工过程结束而形成。如现浇混凝土框架柱的施工，绑扎钢筋、支模、浇筑混凝土等都是前一施工过程结束后，为后一施工过程提供了工作面。

工作面确定的合理与否，直接影响专业工作队的生产效率。最小工作面是指施工队（班组）为保证安全生产和充分发挥劳动效率所必须的工作面。施工段上的工作面必须大于施工队伍的最小工作面。主要工种的最小工作面的参考数据见表 2-1。

主要工种最小工作面参考数据表 表 2-1

工作项目	每个技工的工作面	说　明
砌筑砖基础	7.6m/人	以 1 砖半计,2 砖乘以 0.8,3 砖乘以 0.55
砌筑砖墙	8.5m/人	以 1 砖计,1 砖半乘以 0.71,2 砖乘以 0.57
混凝土柱、墙基础	8.0m³/人	机拌、机捣
现浇钢筋混凝土柱	2.45m³/人	机拌、机捣
现浇钢筋混凝土梁	3.20m³/人	机拌、机捣
现浇钢筋混凝土楼板	5.0m³/人	机拌、机捣
外墙抹灰	16.0m²/人	
内墙抹灰	18.5m²/人	
卷材屋面	18.5m²/人	
门窗安装	11.0m²/人	

2. 施工段数

为了有效地组织流水施工，通常将施工对象在平面或空间上划分成若干个劳动量大致相等的施工段落，称为施工段或流水段。施工段的数目一般用 "m" 表示，它是流水施工的主要参数之一。

（1）划分施工段的目的

划分施工段的目的就是为了组织流水施工，由于土木工程体形庞大，所以可以将其划分成若干个施工段，从而为组织流水施工提供足够的空间，保证不同的施工班组在不同的施工段上同时进行施工。在一般情况下，一个施工段在同一时间内只安排一个专业工作队施工，各专业工作队遵循施工工艺顺序依次投入作业，同一时间内在不同的施工段上平行施工，使流水施工均衡地进行。组织流水施工时，可以划分足够数量的施工段，使各施工班组能按一定的时间间隔转移到另一个施工段进行连续施工，既消除等待、停歇现象，避免窝工，又互不干扰。

（2）划分施工段的原则

1）施工段的分界应尽可能与结构界限一致，宜设在伸缩缝、温度缝、沉降缝和单元分界处等；没有上述自然分区，可将其设在门窗洞门处，以减少施工缝的规模和数量，有利于结构的整体性。

2）各个施工段上的劳动量（或工程量）应大致相等，相差幅度不宜超过 10%～15%。只有这样，才能保证在施工班组人数不变的情况下，在各段上的施工持续时间相等。

3）为充分发挥工人（或机械）生产效率，不仅要满足专业工种对最小工作面的要求，且要使施工段所能容纳的劳动力人数（或机械台数）满足最小劳动组合要求。

所谓最小劳动组合，就是指某一施工过程进行正常施工所必须的最低限度的工人数及其合理组合。如砖墙砌筑施工，技工、壮工的比例也以 2∶1 为宜。

4）施工段数目要适宜，对于某一项工程，若施工段数过多，则每段上的工程量就较少，势必要减少班组人数，使得过多的工作面不能被充分利用，拖长工期；若施工段数过少，则每段上的工程量较大，又造成施工段上的劳动力、机械和材料等的供应过于集中，互相干扰大，不利于组织流水施工，也会使工期拖长。

5）划分施工段时，应以主导施工过程的需要来划分。主导施工过程是指劳动量较大或技术复杂、对总工期起控制作用的施工过程，如多层全现浇钢筋混凝土结构的支模工程就是主导施工过程。

6）施工段的划分还应考虑垂直运输机械和进料的影响。一般用塔吊时分段可多些，用井架、人货两用电梯等固定式垂直运输机械时，分段应与其经济服务半径相适应，以免跨段增加楼面水平运输，既不经济又可能引起楼面交通混乱。

7）当有层间关系时，为使各施工队（班组）能连续施工（即各施工过程的施工队做完第一段能立即转入第二段，施工完第一层的最后一段能立即转入第二层的第一段），每层的施工段数应满足下列要求：$m \geqslant n$；当有间歇时间时，则应满足公式（2-3）的要求。

$$m \geqslant n + \frac{\sum Z_1}{K} + \frac{Z_2}{K} - \frac{\sum C}{K} \qquad (2-3)$$

式中　$\sum Z_1$——一个施工层内的各个施工过程间的技术及组织间歇时间之和；

　　　　Z_2——层间间歇；

　　　　$\sum C$——一个施工层内的各个施工过程间的搭接时间之和；

　　　　K——流水步距。

（3）施工段数 m 与施工过程数 n 的关系

【例题 2-3】　某二层工程，有三个施工过程分别为 A、B、C，每个施工过程在各施工段上的作业时间均为 2d。

【解】　1）当 $m=n$ 时，即每层划分 3 个施工段，其进度计划安排如图 2-8（a）所示。

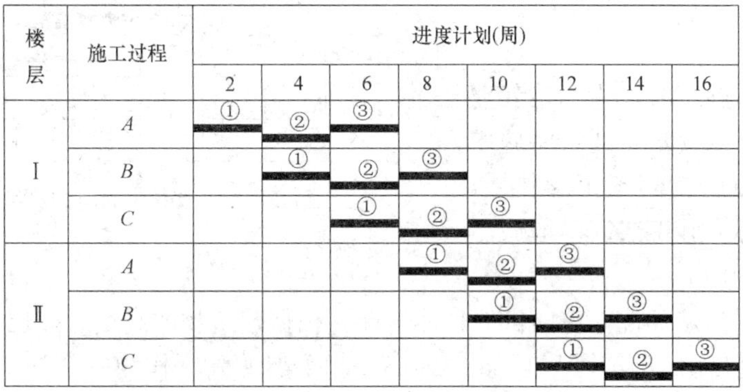

楼层	施工过程	进度计划(周)							
		2	4	6	8	10	12	14	16
Ⅰ	A	①	②	③					
	B		①	②	③				
	C			①	②	③			
Ⅱ	A				①	②	③		
	B					①	②	③	
	C						①	②	③

图 2-8（a）　当 $m=n$ 时的进度安排

从图 2-8（a）中可以看出，施工班组均连续施工，没有停歇、窝工现象，工作面得到充分利用。

2）当 $m>n$ 时，假设每层划分 4 个施工段，其进度计划安排如图 2-8（b）所示。

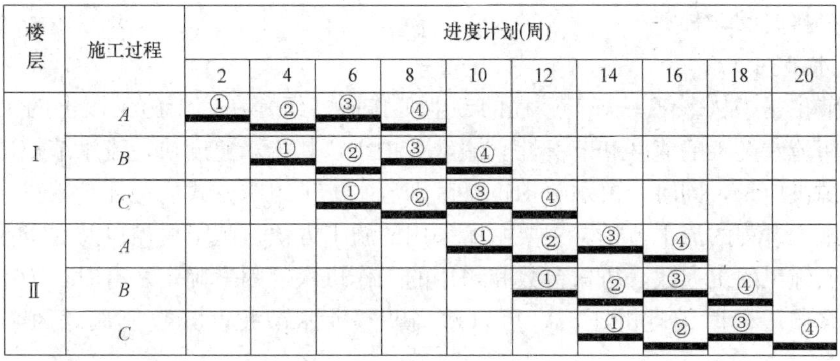

楼层	施工过程	进度计划(周)									
		2	4	6	8	10	12	14	16	18	20
Ⅰ	A	①	②	③	④						
	B		①	②	③	④					
	C			①	②	③	④				
Ⅱ	A					①	②	③	④		
	B						①	②	③	④	
	C							①	②	③	④

图 2-8（b）　当 $m>n$ 时的进度安排

从图 2-8（b）可以看出，施工班组仍然能够连续施工，没有停歇、窝工现象，但工作面有空闲。即当 A 过程进入第 4 段施工时，二层的第 1 段也可以进行 A 工作，所以二层的第 1 段已经闲置，但并不影响施工班组连续施工。这种施工段的空闲，有时也是必要的，可以利用停歇时间进行混凝土养护、弹线定位、备料等工作。

3）当 $m<n$ 时，即每层划分 2 个施工段，其进度计划安排如图 2-8（c）所示。

从图 2-8（c）中可以看出，施工班组不能连续施工，出现窝工现象。例如 A 工作在一层第四天就结束了，但因为 C 工作还没有进行，所以只有等 C 工作第六天结束时二层的 A 工作才能开始，出现专业工作队不连续、窝工现象。

结论：当组织有层间关系项目流水施工时，既要满足分段流水，也要满足分层流水。即施工班组做完第一段后，能立即转入第二段；做完第一层的最后一段，能立即转入第二层的第一段。因此就需要满足 $m \geq n$，才能保证不窝工。

当无层间关系时，施工段数的确定则不受此约束。同时注意 m 不能过大，否则，可能不满足最小工作面要求，材料、人员、机具过于集中，影响效率和效益，且易发生事故。

3. 施工层数

在组织流水施工时，为满足专业工种对操作高度的要求，通常将施工项目在竖向上划分为若干个操作层，这些操作层均称为施工层。一般施工层数用"r"表示。

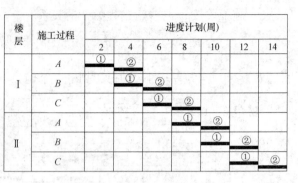

楼层	施工过程	进度计划(周)						
		2	4	6	8	10	12	14
I	A	①	②					
I	B		①	②				
I	C			①	②			
II	A				①	②		
II	B					①	②	
II	C						①	②

图 2-8（c）当 $m<n$ 时的进度安排

施工层的划分，要视工程项目的具体情况，根据建筑物的高度、楼层来确定。如砌筑工程的施工层高度一般为 1.2～1.4m，即一步脚手架的高度作为一个施工层；室内抹灰、木装修、油漆、玻璃和水电安装等，可以一个楼层作为一个施工层。

2.2.3 时间参数

时间参数是指在组织流水施工时，用以表达各流水施工过程的工作持续时间及其在时间排列上的相互关系和所处状态的参数。主要有流水节拍、流水步距、流水工期、间歇时间、平行搭接时间 5 种。

1. 流水节拍（t）

流水节拍是指从事某一施工过程的专业工作队（组）在一个施工段上的工作持续时间，它表明流水施工的速度和节奏性。流水节拍小，其流水速度快，流水节拍决定着单位时间的资源供应量，同时，流水节拍也是区别流水施工组织方式的特征参数。

同一施工过程的流水节拍，主要由所采用的施工方法、施工机械以及在工作面允许的前提下投入施工的工人数、机械台数和采用的工作班次等因素确定。有时，为了均衡施工和减少转移施工段时消耗的工时，可以适当调整流水节拍，其数值最好为半个班的整数倍。

（1）流水节拍（持续时间）的确定方法

1）定额计算法

即利用公式套用定额进行计算，此时流水节拍的计算公式如下：

$$t_{ij}=\frac{Q_{ij}}{S_i n_{ij} b_{ij}}=\frac{P_{ij}}{n_{ij} b_{ij}}=\frac{Q_{ij} H_i}{n_{ij} b_{ij}} \tag{2-4}$$

式中　t_{ij}——第 i 施工过程在第 j 施工段上的流水节拍（持续时间）；

　　Q_{ij}——第 i 施工过程在第 j 施工段上的工程量；

　　P_{ij}——第 i 施工过程在第 j 施工段上的劳动量；

　　S_i——第 i 施工过程的人工或机械产量定额；

　　H_i——第 i 施工过程的人工或机械时间定额；

　　n_{ij}——第 i 施工过程在第 j 施工段上的施工班组人数或机械台数；

　　b_{ij}——第 i 施工过程在第 j 施工段上的每天工作班制。

【**例题 2-4**】 某工程砌筑砖墙，需要劳动量为 110 工日，采用一班制工作，每班出勤人数为 22 人（其中砌筑工 10 人，普工 12 人），试计算完成该砌筑工程的施工持续时间。

【**解**】

$$t = \frac{P}{nb} = \frac{110}{22 \times 1} = 5\text{d}$$

有时，也可在 t_{ij} 已知的情况下，利用上式反算某施工过程的班组人数（或机械台数）。

一般情况下计算某施工过程持续时间，除已确定的 P 外，还必须先确定 n 及 b 数值。

① n 的确定，除了考虑必须能获得或能配备的施工人数（特别是技术工人人数）或施工机械台数之外，在实际工作中，还必须结合施工现场的具体条件、最小工作面与最小劳动组合人数的要求以及机械施工的工作面大小、机械效率、机械必要的停歇维修与保养时间等因素综合考虑，才能计算确定出符合实际可能和要求的施工人数及机械台数。

② b 的确定：当工期允许、劳动力和施工机械周转使用不紧迫、施工工艺上无连续施工要求时，通常采用一班制施工，在建筑业中往往采用 1.25 班制（10h）。当工期较紧或为了提高施工机械的使用率及加快机械的周转使用，或工艺上要求连续施工时，某些施工过程可考虑二班甚至三班施工。但采用多班制施工，必然增加有关设施及费用，因此，须慎重研究确定。

【**例题 2-5**】 某住宅共有四个单元，划分四个施工段，其基础工程的施工过程为：①挖土方，②垫层，③绑钢筋，④浇混凝土，⑤砌砖基础，⑥回填土，各施工过程的工程量、产量定额、专业队人数见表 2-2。试计算各施工过程流水节拍。

【**解**】 根据施工对象的具体情况以及进度计划的性质，划分施工过程并确定施工起点流向，根据施工过程之间的关系，确定施工顺序。由于垫层和回填土的工程量较少，为简化流水，将两过程作为间歇处理，各预留一天，该基础施工过程数取 $n = 4$。

根据其工艺关系，该基础工程的施工顺序为：挖土方→绑钢筋→浇混凝土→砌砖基础。

由于基础工程没有层间关系，m 取值没有限制，但根据题意有四个单元，为了利用工程的自然分段，组织等节拍流水，该题把工程施工段划分为 4 段，能够使各施工段工程量大致相等，即取 $m = 4$。

某基础工程有关参数   表 2-2

	工程量	产量定额	人数（台数）
挖土方	795	65	1 台
垫层	57	—	—
绑钢筋	10815	450	4
浇混凝土	231	1.5	20
砌砖基础	365	1.25	25
回填土	345	—	—

采用定额计算法，取一班制，计算各施工过程的流水节拍数值。

计算各施工过程在一个施工段上的劳动量：

挖土方：$P = Q/S = 795/(4 \times 65) \approx 3$ 台班

绑筋：$P=Q/S=10815/(4\times450)\approx6$ 工日

浇混凝土：$P=Q/S=231/(4\times1.5)=38.5$ 工日

砌砖基础：$P=Q/S=365/(4\times1.25)=73$ 工日

求各施工段的流水节拍（一班制）：

挖土方：$t=P/(nb)=3/(1\times1)\approx3d$

绑筋：$t=P/(nb)=6/(4\times1)=1.5d$

浇混凝土：$t=P/(nb)=38.5/(20\times1)\approx2d$

砌砖基础：$t=P/(nb)=73/(25\times1)\approx3d$

2）三时估算法

对某些采用新技术、新工艺的施工过程，往往缺乏定额，此时可采用"三时估算法"，即：

$$t_i=\frac{a+4c+b}{6} \tag{2-5}$$

式中　t_i——某施工过程在某施工段的流水节拍；

　　　a——某施工过程完成某施工段工程量的最乐观时间（即按最顺利条件估计的最短时间）；

　　　c——某施工过程完成某施工段工程量的最可能时间（即按正常条件估计的正常时间）；

　　　b——施工过程完成某施工段工程量的最悲观时间（即按最不利条件估计的最长时间）。

3）工期计算法

对于有工期要求的工程，可采用工期计算法（也叫倒排进度法），其方法是首先将一个工程对象划分为几个施工阶段，根据规定工期，估计出每一阶段所需要的时间，然后将每一施工阶段划分为若干个施工过程，并在平面上划分为若干个施工段（在竖向上划分施工层），再确定每一施工过程在每一施工阶段的持续时间及工作班制，再确定施工人数或机械台数，最后即可确定出各施工过程在各施工段（层）上的作业时间，即流水节拍。计算公式如下：

$$n=\frac{P}{tb} \tag{2-6}$$

如果按上述公式计算出来的结果，超过了现有的人数或机械台数，则需要对资源进行调度调整；也可以通过采取技术、组织措施进行优化，如组织平行立体交叉流水施工组织措施，提高混凝土早期强度技术措施等。

【例题 2-6】　某公路工程铺路面所需劳动量为 520 个工日，要求在 15d 内完成，采用一班制施工，试求每班工人数。

【解】

$$n=\frac{P}{tb}=\frac{520}{15\times1}=34.7人$$

取 R 为 35 人。

（2）确定流水节拍时应考虑的因素

从理论上讲，总希望流水节拍越小越好，但在确定流水节拍时应考虑以下因素：

1）施工班组人数要适宜

既要满足最小劳动组合人数的要求（它是人数的最低限度），又要满足最小工作面的要求（它是人数的最高限度），不能为了缩短工期而无限制地增加人数，否则由于工作面不足会降低劳动效率，且容易发生安全事故。最小劳动组合人数是指为保证施工活动能够正常进行的最低限度的班组人数及合理组合。最多人数＝最小施工段上的作业面/每个工人所需的最小作业面。

2）工作班制要恰当

工作班制应根据工期、工艺等要求而定。当工期不紧迫，工艺上又无连续施工的要求时，一般采用一班制；当组织流水施工时为了给第二天连续施工创造条件，某些施工过程可考虑在夜班进行，即采用两班制；当工期较紧或工艺上要求连续施工，或为了提高施工机械的使用率，某些项目可考虑采用三班制施工，如现浇混凝土构件，为了满足工艺上的要求，常采用两班制或三班制施工（但如果在市区施工，考虑夜间扰民，则不得采用三班浇筑混凝土）。流水节拍值一般应取半天的整倍数。

3）机械的台班效率或机械台班产量的大小。

4）要考虑各种资源（劳动力、机械、材料、构配件等）的供应情况。

2. 流水步距 $K_{i,i+1}$

流水步距是指相邻两个施工过程的施工班组在保证施工顺序、满足连续施工和保证工程质量要求的条件下相继投入同一施工段开始工作的最小计算间隔时间（不包括技术间歇时间、组织间歇时间、搭接时间），通常用符号 $K_{i,i+1}$ 表示 $i+1$ 工作开始与 i 工作开始的计算时间间隔。

通过确定流水步距，使相邻专业施工班组按照施工程序施工，同时也保证了专业施工班组施工的连续性。流水步距的大小取决于相邻施工过程流水节拍的大小，以及施工技术、工艺、组织要求。一般情况下，流水步距的数目取决于施工过程数，如果施工过程数为 n 个，则流水步距为 $n-1$ 个。流水步距的大小对工期影响很大，在施工段不变的情况下，流水步距小，则工期短；反之，则工期长。

（1）确定流水步距的方法

确定流水步距的方法有图上分析法、不同的流水节拍特征确定法、最大差法，其中"最大差法"（也叫潘特考夫斯基法）计算比较简单，且该方法适用于各种形式的流水施工。"最大差法"可概括为"累加数列错位相减取大差"，即"把同一施工过程在各施工段上的流水节拍依次进行累加形成数列，然后将两相邻施工过程的累加数列的后者均向后错一位，两数列错位相减后得出一个新数列，新数列中的最大者即为这两个相邻施工过程间的流水步距。"

【例题 2-7】 某工程各道工序流水节拍如表 2-3 所示，求流水步距。

某工程流水节拍（单位：d） 表 2-3

施工过程＼施工段	①	②	③	④
A	2	3	3	2
B	3	4	3	3
C	1	2	2	1

【解】 1）累加数列。将各施工过程在每段上的流水节拍逐步累加。各施工过程的累加数列为：

A：2，$(2+3)=5$，$(5+3)=8$，$(8+2)=10$

B：3，$(3+4)=7$，$(7+3)=10$，$(10+3)=13$

C：1，$(1+2)=3$，$(3+2)=5$，$(5+1)=6$

2）错位相减取大值，是指相邻两个施工过程中的后续过程的累加数列向后错一位再相减，并在结果中取最大值，即为相邻两个施工过程的流水步距。如：

1）求 $K_{A,B}$

$$
\begin{array}{cccc}
2 & 5 & 8 & 10 \\
-)\ \ & 3 & 7 & 10 & 13 \\
\hline
\end{array}
$$

$$K_{A,B}=\max\{\ 2\quad 2\quad 1\quad 0\quad -13\ \}=2d$$

2）求 $K_{B,C}$

$$
\begin{array}{cccc}
3 & 7 & 10 & 13 \\
-)\ \ & 1 & 3 & 5 & 6 \\
\hline
\end{array}
$$

$$K_{B,C}=\max\{\ 3\quad 6\quad 7\quad 8\quad -6\ \}=8d$$

（2）确定流水步距的基本要求

1）流水步距应保证各施工段上的正常施工顺序。紧前和紧后两个施工过程工艺顺序关系始终保持不变，前一施工过程完成后，后一施工过程尽可能早地进入施工。

2）流水步距应能满足主导专业作业队连续作业。

3）各施工过程之间如果有技术组织间歇或平行搭接的要求时，按【例题 2-7】计算出的流水步距还应相应加上间歇或减去平行搭接时间后，方为最终的流水步距。当施工过程之间存在施工过程间歇时，流水步距为：$K=K_{计算}+Z_{i,i+1}$；当施工过程之间存在搭接要求时，流水步距为：$K=K_{计算}-C_{i,i+1}$。

3. 流水工期（T）

工期是指从第一个专业作业施工班组开始施工到最后一个专业作业施工班组完成施工任务为止所需的时间。一般采用下式计算：

$$T=\sum K_{i,i+1}+T_n \tag{2-7}$$

式中　　　T——流水施工工期；

$\sum K_{i,i+1}$——所有最终流水步距之和；

T_n——最后一个施工过程在各段上的持续时间之和。

流水工期 T 的计算公式也因不同的流水施工组织形式而异，后面将详细介绍。

4. 间歇时间

间歇时间是根据工艺、技术要求或组织安排，留出的等待时间。按间歇的性质，可分为技术间歇和组织间歇；按间歇的部位，可分为施工过程间歇和层间间歇。

1）技术间歇时间

技术间歇时间是指在组织流水施工时，为了保证工程质量，由施工规范规定的或施工工艺要求的在相邻两个施工过程之间必须留有的间隔时间。例如，混凝土浇筑后的养护时间、砂浆抹面的干燥时间、油漆面的干燥时间等。

2）组织间歇时间

组织间歇时间是指在组织流水施工时，由于考虑组织上的因素，两相邻施工过程在规定流水步距之外所增加的必要时间间隔。它是为对前一施工过程进行检查验收或为后一施工过程的开始做必要的施工准备工作而考虑的间歇时间。例如混凝土浇筑之前要检查钢筋及预埋件并作记录、砌筑墙身前的弹线时间、回填土以前对埋设的地下管道的检查验收时间等都属于组织间歇时间。

在组织流水施工时，技术间歇和组织间歇可以统一考虑，一般用"Z_1"表示，但是二者的概念、作用和内涵是不同的，施工组织者必须清楚。

3）层间间歇时间

层间间歇时间是指由于技术或组织方面的原因，层与层之间需要间歇的时间，一般用"Z_2"表示。实际上，层间间歇就是位于两层之间的技术间歇或组织间歇。

5. 搭接时间

搭接时间是指相邻两个施工过程同时在同一施工段上工作的重叠时间，通常用"C"表示。一般情况下，相邻两个施工过程的专业施工队在同一施工段上的关系是前后衔接关系，即前者全部结束，后者才能开始。但有时为了缩短工期，在工作面允许的前提下，也可以在前者完成部分可以满足后者的工作面要求时，让后者提前进入同一施工段，两者在同一施工段上平行搭接施工。

2.3 流水施工的组织方法

土木工程的"流水施工"来源于工业生产中的"流水作业"，但又有所不同。在工业生产中，生产工人和设备的位置是固定的，产品按生产加工工艺在生产线上进行移动加工，从而形成加工者与被加工对象之间的相对流动；而建筑产品是由生产工人带着材料和机具等在建筑物的空间上从前一段到后一段流动施工形成的。流水施工的组织分类方法一般有按流水施工的组织范围划分和按流水节拍的特征划分两种。

1. 按流水施工的组织范围划分

根据组织流水施工的工程对象范围的大小，流水施工可划分为分项工程流水施工、分部工程流水施工、单位工程流水施工和群体工程流水施工。其中最重要的是分部工程流水施工，又叫专业流水，它是组织流水施工的基本方法。

（1）分项工程流水施工

也称细部流水或施工过程流水，它是在一个专业工种内部组织起来的流水施工，即一个工作队（组）依次在各施工段进行连续作业的施工方式。如安装模板的工作队依次在各段上连续完成模板工作。它是组织流水施工的基本单元。

（2）分部工程流水施工

又叫专业流水，它是在一个分部工程内部各分项工程之间组织起来的流水施工，即由若干个在工艺上密切联系的工作队（组）依次连续不断地在各施工段上重复完成各自的工作，直到所有工作队都经过了各施工段，完成所有过程为止。例如钢筋混凝土工程由支模板、扎钢筋、浇筑混凝土三个分项工程组成，木工、钢筋工、混凝土工三个专业队组依次在各施工段上完成各自的工作。

（3）单位工程流水施工

它是在一个单位工程内部各分部工程之间组织起来的流水施工。即所有专业班组依次在一个单位工程的各施工段上连续施工，直至完成该单位工程为止。一般地，它由若干个分部工程流水组成。如现浇钢筋混凝土框架结构房屋的土建部分是由基础分部工程流水、一次结构分部工程流水、二次结构围护分部工程流水、装饰分部工程流水、屋面分部工程流水等组成。

（4）群体工程流水施工

群体工程流水又叫综合流水，俗称大流水施工。它是在单位工程之间组织起来的流水施工，是指为完成群体工程而组织起来的全部单位工程流水的总和，即所有工作队依次在工地上建筑群的各施工段上连续施工的总和。如一个住宅小区建设、一个工业厂区建设等所组织的流水施工中，由多个单位工程的流水施工组合而成的流水施工方式。

以上四种流水方式中，其中分项工程流水和分部工程流水是流水施工的基本方式。

2. 按流水节拍的特征划分

根据流水节拍的特征，可分为等节拍流水、等步距异节拍流水、异步距异节拍流水、无节奏流水施工四种，如图2-9所示。

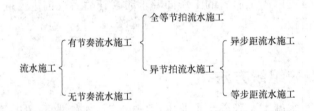

图 2-9　流水施工组织分类

2.3.1　全等节拍流水组织方法

全等节拍流水：每一施工过程在各施工段的流水节拍相同，且各施工过程相互之间的流水节拍也相等。

1. 无间歇全等节拍流水施工

无间歇全等节拍流水施工是指各施工过程之间既没有技术和组织间歇时间，又没有平行搭接时间，且流水节拍均相等的一种流水施工方式，如图2-10所示。

（1）无间歇全等节拍流水施工的特点

由图中可以看出，无间歇全等节拍流水具有以下特点：

① 同一施工过程在各施工段上的流水节拍相等，不同施工过程的流水节拍彼此也相等；

② 流水步距均相等且等于流水节拍，即 $K_{i,i+1}=t$；

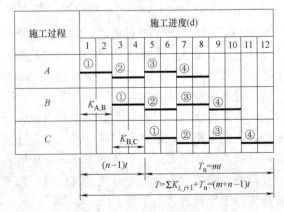

图 2-10　全等节拍流水施工进度计划

③ 专业施工班组能够连续施工，同时相邻专业施工班组在同一施工段上也能按照工艺顺序连续作业，工作面没有空闲。

（2）无间歇全等节拍流水施工的工期计算

无间歇全等节拍流水的各施工过程之间的流水步距均相等且等于流水节拍，显然有 $\sum K_{i,i+1}=(n-1)K=(n-1)\ t$；$T_n=mt$，代入式（2-7）得：

$$T=(m+n-1)t \tag{2-8}$$

【例题 2-8】 某工程包括 A、B、C、D 四个施工过程，划分为四个施工段，每个施工过程在各施工段上的流水节拍均为 6d，试组织流水施工。

【解】 背景中流水节拍均为 6d，适宜组织全等节拍流水施工。其中 $n=4$，$m=4$，$t=6\text{d}$，流水步距 $K=6\text{d}$。

由式（2-8）得工期：$T=(m+n-1)t=(4+4-1)\times6=42\text{d}$

流水施工进度表如图 2-11 所示。

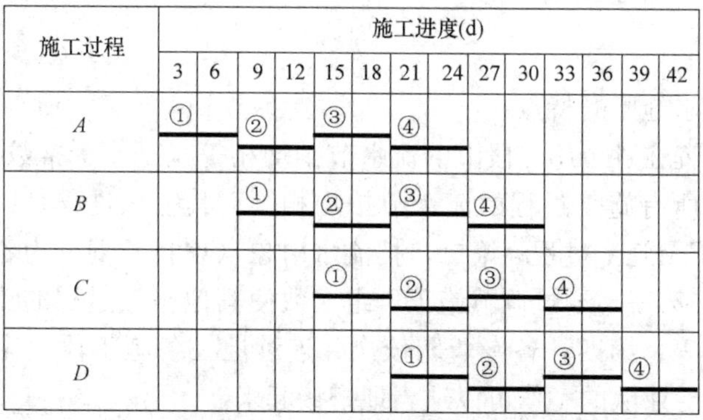

施工过程	施工进度(d)													
	3	6	9	12	15	18	21	24	27	30	33	36	39	42
A	①		②		③		④							
B			①		②		③		④					
C					①		②		③		④			
D							①		②		③		④	

图 2-11 流水施工进度计划

2. 有间歇全等节拍流水施工

有间歇全等节拍流水施工是指施工过程之间有技术组织间歇时间、搭接时间或者施工层之间存在层间间歇，且流水节拍均相等的一种流水施工方式。

（1）有间歇全等节拍流水施工的特点

① 同一施工过程在各施工段上流水节拍相等，不同施工过程的流水节拍彼此也相等；

② 流水步距均相等，且等于流水节拍，即 $K_{i,i+1}=t$；

③ 相邻施工过程进入同一施工段的时间间隔不一定相同；当有间歇时，时间间隔为 $t+z_{i,i+1}$；当有搭接时，时间间隔为 $t-c_{i,i+1}$。

（2）工期计算

此时工期可按下式计算：

$$T=(m+n-1)t+\sum Z_1-\sum C \tag{2-9}$$

如果工程有层间结构，各施工过程之间除了存在施工过程间歇外，还存在层间间歇时其计算工期为：

$$T=(m\times r+n-1)t+\sum Z_1-\sum C \tag{2-10}$$

【例题 2-9】 某砖混结构住宅工程的基础工程，分两段组织施工，各分项工程施工过程、劳动量及部分人力资源见表 2-4 所示，已知垫层混凝土和条形基础混凝土浇筑后均需养护 1 天后方可进行下一道工序施工。

问题：（1）试述等节奏流水施工的特点与组织过程。

（2）为了保证工作队连续作业，试确定流水步距、施工段数、计算工期。

（3）绘制流水施工进度表。

（4）若基础工程工期已规定为15d，试组织等节奏流水施工。

某砖混结构住宅楼基础工程劳动量一览表　　　　　表2-4

序号	施工过程	劳动量（工日）	施工班组人数
1	基槽土方开挖	184	30
2	垫层混凝土浇筑	28	5
3	条形基础钢筋绑扎	24	
4	条形基础混凝土浇筑	60	
5	砖基础墙砌筑	106	
6	基槽回填土	46	
7	室内地坪回填土	40	

【解】

（1）等节奏流水施工的特点

所有的施工过程在各个施工段上的流水节拍均相等（是一个常数）。组织全等节拍流水施工的要点是让所有施工过程的流水节拍均相等。其组织过程是：第一，把流水对象（项目）划分为若干个施工过程；第二，把流水对象（项目）划分为若干个工程量大致相等的施工段（区）；第三，通过调节施工班组人数使其他施工过程的流水节拍与主导施工过程的流水节拍相等；第四，各专业队依次、连续地在各施工段上完成同样的作业；第五，如果允许，各专业队的工作可以适当地搭接起来。

（2）等节奏流水施工，其流水参数

1）确定施工过程

由于混凝土垫层的劳动量较小，故将其与相邻的基槽挖土合并为一个施工过程"基槽挖土、垫层浇筑"；将工程量较小的钢筋绑扎与混凝土浇筑合并为一个施工过程"混凝土基础"；将工种相同的基槽回填土与室内地坪回填土合并为一个施工过程"回填土"。

2）确定主导施工过程的施工班组人数与流水节拍

本工程中，基槽挖土、混凝土垫层的合并劳动量最大，所以是主导施工过程。根据工作面、劳动组合和资源情况，该施工班组人数整合为35人，将其填入表2-5，取两个工作班制，其流水节拍为：$t = \dfrac{184+28}{35 \times 2} \approx 3\mathrm{d}$。

3）确定其他施工过程的施工班组人数

因为是等节奏流水施工，即各个施工过程的流水节拍均为3d，所以可由公式（2-4）反算其他施工过程的施工班组人数（均按两个工作班考虑，计算后还应验证是否满足工作面、劳动组合和资源情况的要求）。经计算分别为14人、18人和14人，将他们也填入表2-5。

某砖混结构住宅楼基础工程劳动量一览表　　　　　表2-5

序号	施工过程	劳动量（工日）	施工班组人数
1	基槽土方开挖	184	35
2	垫层混凝土浇筑	28	

序号	施工过程	劳动量(工日)	施工班组人数
3	条形基础钢筋绑扎	24	14
4	条形基础混凝土浇筑	60	
5	砖基础墙砌筑	106	18
6	基槽回填土	46	14
7	室内地坪回填土	40	

4）计算工期

$$T=(m\times r+n-1)t+\sum Z_1-\sum C=(2\times 1+4-1)\times 3+(1+1)-0=17d$$

（3）绘制流水施工进度计划表

如图 2-12 所示。

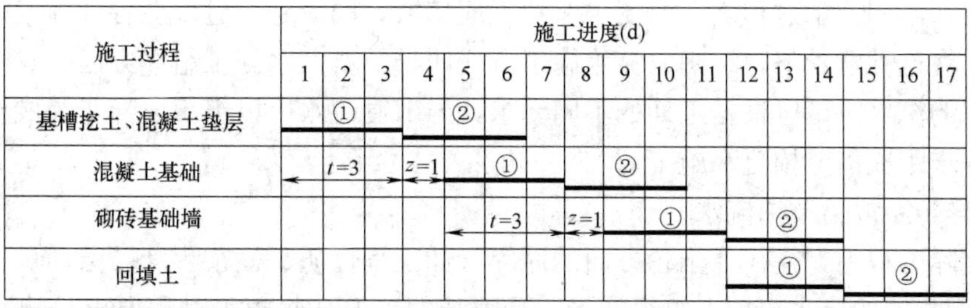

图 2-12　某砖混住宅基础工程流水施工进度计划表

（4）若基础工程工期已规定为 15d，按等节奏流水组织施工计算即：

1）确定流水节拍

按式 $T=(m\times r+n-1)t+\sum Z_1-\sum C$ 反算如下：

$$t=K=\frac{T-\sum Z_1+\sum C}{m\times r+n-1}=\frac{15-(1+1)+0}{2\times 1+4-1}=2.6d，取 t=2.5d。$$

2）确定各施工过程的施工班组人数

根据公式（2-4）反算各施工过程的施工班组人数，并验证是否满足工作面和劳动组合等的要求。经计算分别为 42 人、17 人、21 人和 17 人。

3）计算工期

$$T=(m\times r+n-1)t+\sum Z_1-\sum C=(2\times 1+4-1)\times 2.5+(1+1)-0=14.5d，满足规$$
定工期要求。

4）绘制流水施工进度计划表

如图 2-13 所示。

值得注意的是：等节奏流水施工比较适用于分部工程流水，特别是施工过程较少的分部工程，而对于一个单位工程，因其施工过程数较多，要使所有的施工过程的流水节拍都相等几乎是不可能的，所以单位工程一般不宜组织等节奏流水施工，至于单项工程和群体工程，它同样也不适用。因此，等节奏流水施工的实际应用范围不是很广泛。

施工过程	施工进度(d)														
	1	2	3	4	5	6	7	8	9	10	11	12	13	14	15
基槽挖土、混凝土垫层		①			②										
混凝土基础					①				②						
砌砖基础墙									①			②			
回填土												①			②

图 2-13　某基础工程流水施工进度计划表

2.3.2　异节奏流水施工组织方法

某住宅小区建造六幢住宅，每幢住宅的基础工程均为 1 个月，主体结构均为 3 个月，粉刷装修均为 2 个月，室外工程均为 1 个月。显然，该住宅小区六幢住宅四个施工过程有以下特点：不同施工过程之间的流水节拍互成倍数，同一施工过程在各个施工段的流水节拍相等。在这种背景下，组织的流水施工方式叫异节奏流水施工组织方法。

组织的流水时可以根据工期的不同要求，异节奏流水可以组织成异步距成倍节拍流水施工和等步距成倍节拍流水施工。

1. 异步距成倍节拍流水

在实际工程中，往往由于各方面的原因（如工程性质、复杂程度、劳动量、技术组织等），采用相同的流水节拍来组织施工，是困难的。如某些施工过程要求尽快完成，或者某些施工过程工程量过少，流水节拍较小；或者某些施工过程的工作面受到限制，不能投入较多的人力、机械，而使得流水节拍较大，因而会出现各细部流水的流水节拍不等的情况，此时便可采用异节奏流水施工的组织形式来组织施工较易实现，这是由于同一施工过程可根据实际情况确定同一流水节拍是容易的，如图 2-14 所示为异步距成倍节拍流水施工。

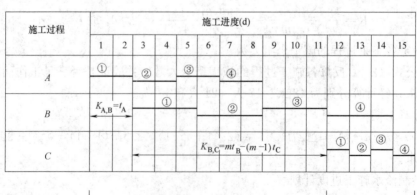

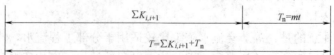

图 2-14　异步距成倍节拍流水施工进度计划

（1）异步距成倍节拍流水施工的特点

由图 2-14 中可以看出，异节拍流水施工具有以下特点：

① 同一施工过程在各施工段流水节拍相等，不同施工过程的流水节拍不相等；

② 各施工过程之间的流水步距一般不相等。

（2）流水步距的确定

流水步距的确定分两种情况：

① 当 $t_i < t_{i+1}$ 时，如图 2-14 中所示 A、B 两个施工过程，当流水步距为前一施工过程的流水节拍时，既能保证细部流水，同时前一施工过程在各施工段上的完成时间早于后一施工过程相应施工段上的开始时间，从而满足施工工艺的要求。故相邻两施工过程的流水步距为：

$$K_{i,i+1} = t_i \tag{2-11}$$

② 当 $t_i > t_{i+1}$ 时，如图 2-14 中所示 B、C 两个施工过程，如果流水步距取 $K_{B,C} = t_B$ 来安排流水施工，则会出现前一施工过程尚未结束而后一施工过程已经开始施工的情况，如图 2-15 所示，这显然不符合施工工艺的要求。如果要满足施工工艺的要求，只能将后续施工过程的开始时间推后，如图 2-16 所示。这样安排，虽然满足了施工工艺的要求，但相应专业的施工队在施工时会出现工作间断和窝工的现象，不符合流水施工的要求。为了使施工班组既能连续施工又满足施工工艺要求，在组织施工时，应安排最后一个施工段上两个施工过程能够连续施工，以此计算出来的流水步距能够满足流水施工的要求，如图 2-14 中 B、C 两个施工过程所示。即流水步距为：

$$K_{i,i+1} = mt_i - (m-1)t_{i+1} \tag{2-12}$$

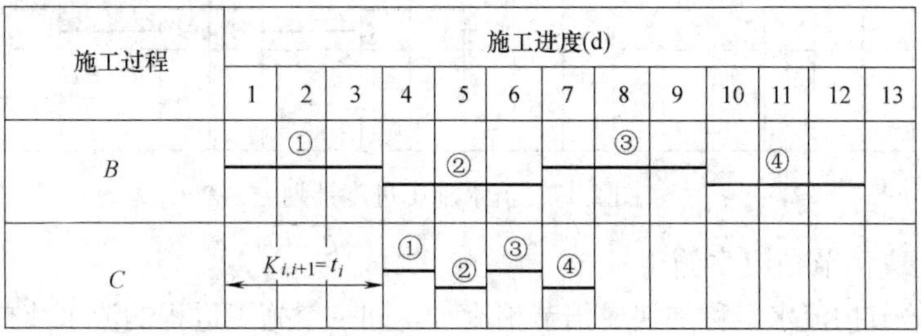

施工过程	施工进度(d)												
	1	2	3	4	5	6	7	8	9	10	11	12	13
B		①			②			③			④		
C	$K_{i,i+1}=t_i$			①	②	③	④						

图 2-15 $K_{i,i+1}=t_i$ 时不符合工艺逻辑的流水施工

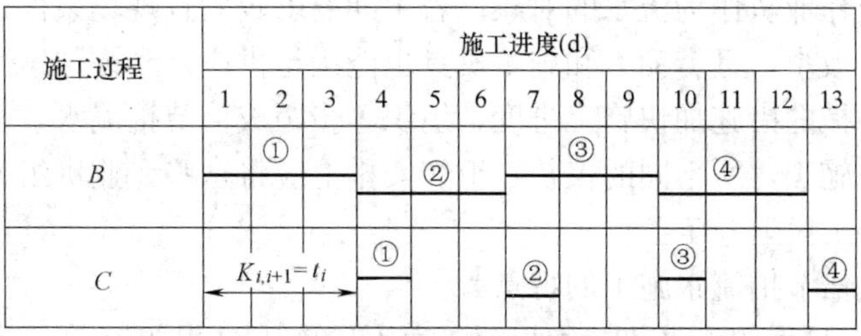

施工过程	施工进度(d)												
	1	2	3	4	5	6	7	8	9	10	11	12	13
B		①			②			③			④		
C	$K_{i,i+1}=t_i$			①		②			③			④	

图 2-16 $K_{i,i+1}=t_i$ 时部分间断施工

（3）异步距成倍节拍施工的工期计算

可按式（2-7）计算，当施工过程之间存在间歇或搭接时间时，工期可按下式计算：

$$T=\sum K_{i,i+1}+T_n+\sum Z_1-\sum C \qquad (2-13)$$

【例题 2-10】 某住宅小区共六栋楼，每栋楼为一个施工段，施工过程划分为基础工程、主体工程、装修工程和室外工程 4 项，每个施工过程的流水节拍分别为 20d、60d、40d、20d，试组织流水施工。

【解】 由已知条件可知本工程适宜组织异节拍流水施工。其中 $n=4$，$m=6$。

流水节拍为：$t_1=20d$，$t_2=60d$，$t_3=40d$，$t_4=20d$

流水步距为：

因 $t_1<t_2$，故 $K_{1,2}=20d$

因 $t_2>t_3$，故 $K_{2,3}=mt_2-(m-1)t_3=6\times60-(6-1)\times40=160d$

因 $t_3>t_4$，故 $K_{3,4}=mt_3-(m-1)t_4=6\times40-(6-1)\times200=140d$

带入式（2-13），其计算工期为：

$$T=\sum K_{i,i+1}+T_n+\sum Z_1-\sum C=(20+160+140)+20\times6=440d$$

流水施工进度表如图 2-17 所示。

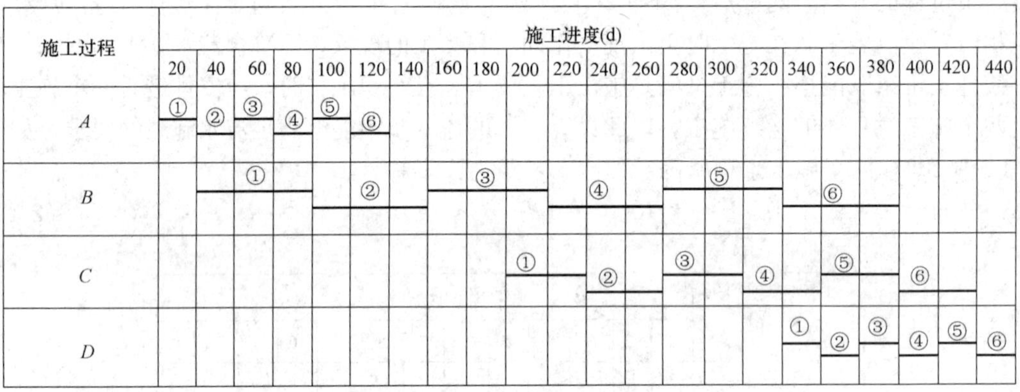

施工过程	施工进度(d)																					
	20	40	60	80	100	120	140	160	180	200	220	240	260	280	300	320	340	360	380	400	420	440
A	①	②	③	④	⑤	⑥																
B			①			②		③			④				⑤			⑥				
C									①		②		③		④		⑤		⑥			
D																	①	②	③	④	⑤	⑥

图 2-17　流水施工进度计划

2. 等步距成倍节拍流水施工

等步距成倍节拍流水也称加快成倍节拍流水，同一个施工过程的流水节拍都相等，不同施工过程的流水节拍相同或互为倍数，专业作业队的流水步距等于流水节拍的最大公约数。

等步距成倍节拍流水的实质是：在流水施工组织时，不是以施工过程作为流水的对象，而是以各专业作业队作为流水的对象。若工期要求较紧且现场条件（如工作面满足要求，不致降低生产效率，且劳动力和施工机具也能满足供应）允许的情况下，可通过增加施工班组或施工机械的措施加快施工进度，组织等步距成倍节拍流水，类似于 n 个施工过程的全等节拍流水施工，所不同的仅是在组织安排上应将这些专业班组或机械以交叉的方式安排在不同的施工段上施工。

（1）等步距成倍节拍流水施工的特点

1）同一个施工过程的流水节拍均相等，而不同施工过程的节拍不等，但同为某一常数的倍数。

2）流水步距相等，且等于各施工过程流水节拍的最大公约数。

3）专业工作队总数大于施工过程数。

4）每个专业工作队都能够连续施工。

5）若没有间歇要求，可保证各工作面均不停歇。

（2）组织等步距成倍节拍流水施工的步骤

1）计算流水步距 K，流水步距等于流水节拍的最大公约数，即：

$$K=\max(t_i、t_j、\cdots) \tag{2-14}$$

2）确定每个施工过程的专业工作队数目。每个施工过程需组建的施工班组数可按下式计算：

$$b_i=t_i/k \tag{2-15}$$

式中 b_i——第 i 个施工过程的专业施工班组数目；

      t_i——第 i 个施工过程的流水节拍。

3）确定施工过程数。加快成倍节拍流水的组织方式，类似于全等节拍流水施工，是由 $\sum b_i$ 个施工班组组成的流水步距为 K 的流水施工，施工过程数目取施工队数之和 $\sum b_i$。

4）确定施工段数。

$$m\geqslant\sum b_i+(\sum Z_1+Z_2-\sum C)/K \tag{2-16}$$

5）计算总工期。

$$T=(m\times r+\sum b_i-1)K+\sum Z_1-\sum C \tag{2-17}$$

【例题 2-11】 以【例题 2-10】中工程为例，试对其组织成倍节拍流水施工。

【解】

（1）确定流水步距

$$K=\max(20,60,40,20)=20d$$

（2）求专业施工队数

$$b_1=20/20=1;b_2=60/20=3;b_3=40/20=2;b_4=20/20=1$$

则总的施工队数为：$\sum b_i=1+3+2+1=7$ 队

（3）计算总工期

$$T=(m+\sum b_i-1)K=(6+7-1)\times20=240d$$

（4）进度计划表

如图 2-18 所示。

对图 2-18 作进一步分析可知：组织成倍节拍流水可使各工序步调一致，衔接紧密，不但各施工过程连续施工，而且无空闲的施工段，因而总工期较短。但在组织成倍节拍流水时，纳入流水的专业班组不宜太多，以免造成现场混乱和管理工作的复杂。

值得说明的是，等步距成倍节拍流水的组织方式，与采用"两班制"、"三班制"的组织方式有所不同。"两班制"、"三班制"的组织方式，通常是指同一个专业班组在同一施工段上连续作业 16h（"两班制"）或 24h（"三班制"）；或安排两个专业班组在同一施工段上各作业 8h 累计 16h（"两班制"），或安排三个专业班组在同一施工段上各作业 8h 累计 24h（"三班制"）。因而，在进度计划上反映出的流水节拍应为原流水节拍的 1/2（"两班制"）或 1/3（"三班制"）。而成倍节拍流水的组织方式，是将增加的专业班组与原专业班组分别以交叉的方式安排在不同的施工段上进行作业，因而其流水节拍不发生变化。

2.3.3 无节奏流水组织方法

在工程实践当中，经常由于工程建筑设计特点、结构形式、施工条件等不同，使得各

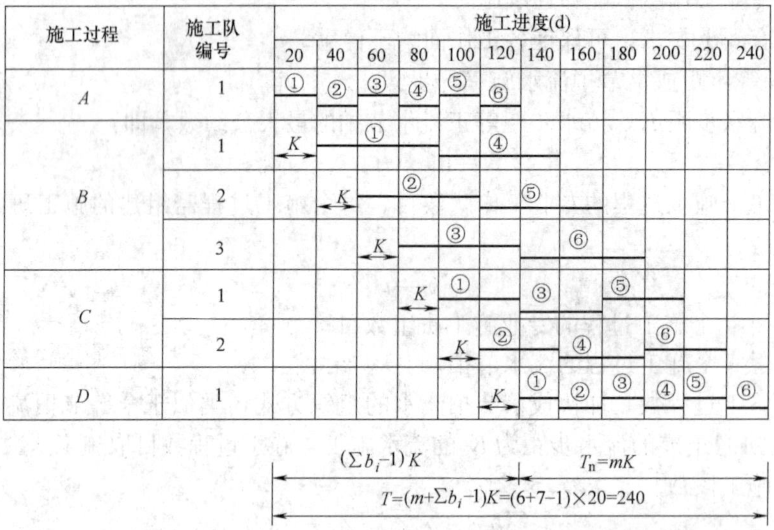

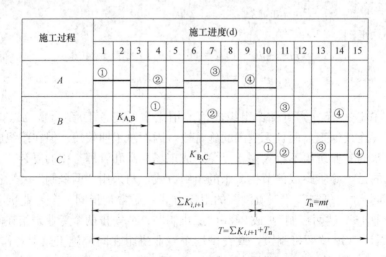

图 2-18　单层等步距成倍节拍流水施工进度计划

施工段上的工程量存在较大差异，同时各专业施工班组的劳动效率相差较大，导致同一施工过程在各施工段上的流水节拍不等，不同施工过程之间的流水节拍也彼此不等。对于这种流水节拍没有任何规律的流水方式称为无节奏流水。

组织无节奏流水施工的关键在于确定合理的流水步距，既能保证专业施工班组的连续作业，又能使相邻专业施工班组能够最大限度搭接起来；既不出现工艺超前现象，又能紧密衔接，见图 2-19。

图 2-19　无节奏流水施工进度计划

无节奏流水施工特点：不同施工过程的流水节拍不相等，同一施工过程在各个施工段上的流水节拍也不等；各专业施工班组仍能连续施工，无窝工现象；流水步距彼此不尽相等，常采用"潘特考夫斯基法"计算，即"累加数列、错位相减、取大差"法，其工期按式（2-7）计算。

【例题 2-12】 某工程分为四段，有甲、乙、丙三个施工过程。其在各段上的流水节拍 (d) 分别为：甲——3、2、2、4；乙——1、3、2、2；丙——3、2、3、2。试组织流水施工。

【解】 由题意应组织无节奏流水施工

（1）计算流水步距

1）求 $K_{甲,乙}$

$$
\begin{array}{cccc}
3 & 5 & 7 & 11 \\
-) \quad 1 & 4 & 6 & 8 \\
\hline
\end{array}
$$

$$K_{甲,乙} = \max\{3 \quad 4 \quad 3 \quad 5 \quad -8\} = 5d$$

2）求 $K_{乙,丙}$

$$
\begin{array}{cccc}
1 & 4 & 6 & 8 \\
-) \quad 3 & 5 & 8 & 10 \\
\hline
\end{array}
$$

$$K_{甲,乙} = \max\{1 \quad 1 \quad 1 \quad 0 \quad -10\} = 1d$$

（2）计算工期

$$T = \sum K_{i,i+1} + \sum t_n + \sum Z_1 - \sum C = (5+1) + 10 = 16d$$

（3）绘制流水施工进度

见图 2-20 所示。

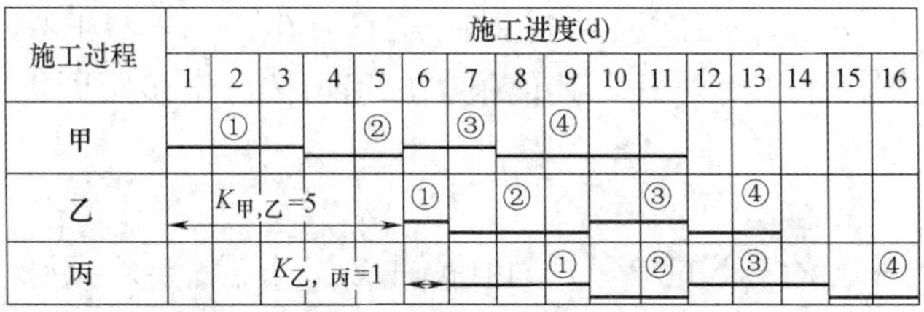

施工过程	施工进度(d)															
	1	2	3	4	5	6	7	8	9	10	11	12	13	14	15	16
甲		①			②		③		④							
乙	$K_{甲,乙}=5$					①		②			③		④			
丙	$K_{乙,丙}=1$						①		②		③			④		

图 2-20 无层间关系的无节奏流水施工进度计划图

有层间关系的无节奏流水。多个施工层流水施工的组织，各施工层的开始时间要受到空间关系和组织资源两方面限制。所谓空间关系限制，是指前一个施工层任何一个施工段工作未完，则后面施工层的相应施工段就没有施工的空间；所谓组织资源限制，是指任何一个施工作业队未完成前一施工层的工作，则后一施工层就没有施工作业队，这都将导致工作后移。每项工程具体受到哪种限制，取决于其流水段数及流水节拍的特征。

一般可根据一个施工层的施工过程持续时间的最大值 $\max\sum t_i$ 与流水步距及间歇时间总和的大小对比进行判别：

1）当 $\max\sum t_i < $ 一个施工层（$\sum K_{i,i+1} + K' + Z_2 + \sum Z_1 - \sum C$）时，除一层以外的各施工层施工受空间限制，可按层间工作面连续来安排下一层第一个施工过程外，其他施工过程均按已定步距依次施工，各施工队都能连续作业。

2）当 $\max\sum t_i$ 等于一个施工层（$\sum K_{i,i+1} + K' + Z_2 + \sum Z_1 - \sum C$）时，流水安排同1），但只有 $\max\sum t_i$ 施工过程的施工队可以连续作业。

上述两种情况的流水工期：

$$T = r(\sum K_{i,i+1} + \sum Z_1 - \sum C) + (r-1)(K' + Z_2) + \sum t_n \tag{2-18}$$

3）当 $\max\sum t_i$ 大于一个施工层（$\sum K_{i,i+1}+K'+Z_2+\sum Z_1-\sum C$）时，$\max\sum t_i$ 的施工过程的施工队可以连续作业，其他施工过程可依次按与该施工过程的步距关系安排作业，若 $\max\sum t_i$ 值同属几个施工过程，则其相应的施工队均可以连续作业。

该情况下的流水工期：

$$T=\sum K_{i,i+1}+\sum Z_1-\sum c+(r-1)\max\sum t_i+\sum t_n \qquad (2-19)$$

【例题 2-13】 某两层钢筋混凝土工程有三个施工过程组成，划分为三个施工段组织流水施工，已知每层每段的施工过程持续时间分别为：$t_1=6d$，$t_2=3d$，$t_3=4d$，且层间间歇时间为 2d，按不加快成倍节拍流水，试计算工期，并绘制流水施工进度表。

【解】 由题意应组织异步距成倍节拍流水施工。

（1）确定流水步距

一层：6，12，18

$\qquad$ 3，6，9 $\qquad\qquad\qquad\qquad\qquad\qquad\qquad$ $K_{1,2}=12$

$\qquad$ 4，8，12 $\qquad\qquad\qquad\qquad\qquad\qquad\qquad$ $K_{2,3}=3$

二层：$\qquad$ 6，12，18 $\qquad\qquad\qquad\qquad\qquad\qquad$ $K'=4$

$\qquad\qquad$ 3，6，9 $\qquad\qquad\qquad\qquad\qquad\qquad\qquad$ $K_{1,2}=12$

$\qquad\qquad$ 4，8，12 $\qquad\qquad\qquad\qquad\qquad\qquad\qquad$ $K_{2,3}=3$

（2）判别式

$\max\sum t_i=18<\sum K_{i,i+1}+K'+Z_2+\sum Z_1-\sum C=(12+3+4)+2=21$；按层间工作面连续来安排下一层第一个施工过程，其他施工过程均按已定步距同第一个施工过程流水施工。

（3）工期

$T=r(\sum K_{i,i+1}+\sum Z_1-\sum C)+(r-1)(K'+Z_2)+\sum t_n=2\times(12+3)+(2-1)\times(4+2)+12=48d$

（4）绘制流水施工进度计划表

如图 2-21 所示。

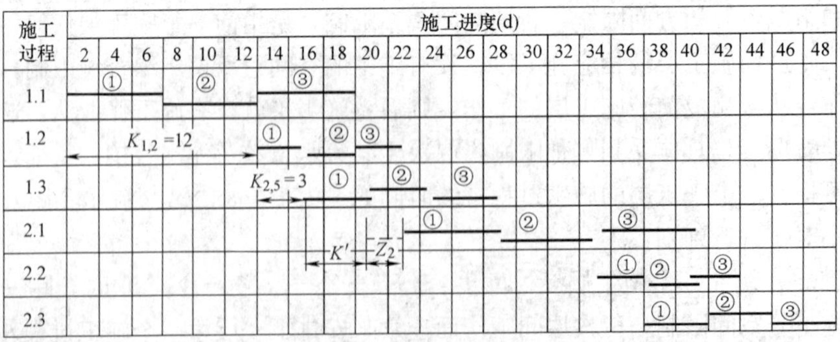

图 2-21 【例题 2-13】流水施工进度计划表

【例题 2-14】 某三层的分部工程划分为 A、B、C 三个施工过程，分四段组织施工，施工顺序 A-B-C，各施工过程的流水节拍见表 2-6，试组织流水施工。

【解】 根据题设条件，该工程应组织无节奏流水施工。

某分部工程流水节拍（d）　　　　　　　表 2-6

施工过程 \ 施工段	①	②	③	④
A	1	3	2	2
B	1	1	1	1
C	2	1	2	3

（1）确定流水步距

1）求 $K_{A,B}$

$$
\begin{array}{ccccc}
& 1 & 4 & 6 & 8 \\
-) & & 1 & 2 & 3 & 4
\end{array}
$$

$$K_{A,B} = \max\{1 \quad 3 \quad 4 \quad 5 \quad -4\} = 5\text{d}$$

2）求 $K_{B,C}$

$$
\begin{array}{ccccc}
& 1 & 2 & 3 & 4 \\
-) & & 2 & 3 & 5 & 8
\end{array}
$$

$$K_{B,C} = \max\{1 \quad 0 \quad 0 \quad -1 \quad -8\} = 1\text{d}$$

3）求 C 施工过程和第二层的 A 施工过程之间的流水节拍 K'

$$
\begin{array}{ccccc}
& 2 & 3 & 5 & 8 \\
-) & & 1 & 4 & 6 & 8
\end{array}
$$

$$K' = \max\{2 \quad 2 \quad 1 \quad 2 \quad -8\} = 2\text{d}$$

（2）判别式

$$\max\sum t_i = \sum K_{i,i+1} + K' + Z_2 + \sum Z_1 - \sum C = 8$$

按层间工作面连续来安排下一层第一个施工过程，但只有 $\max\sum t_i$ 值的 A、C 施工过程的施工队可以连续作业。B 施工过程按已定步距流水安排在 A 工作之后施工。

（3）计算工期

$$T = r(\sum K_{i,i+1} + \sum Z_1 - \sum C) + (r-1)K' + Z_2) + \sum t_n$$
$$= 3 \times (5+1) + (3-1) \times 2 + 8$$
$$= 30\text{d}$$

（4）绘制流水施工进度计划表

如图 2-22 所示。

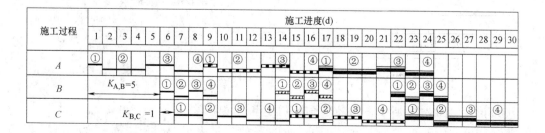

图 2-22　【例题 2-14】工程流水施工进度计划表

二、三层先绘制 A、C 施工过程的进度线，再依据已定步距绘制 B 施工过程进度线。

【例题 2-15】 某两层钢筋混凝土结构工程有 A、B、C 三个施工过程组成，划分为 4 个施工段，施工顺序 A-B-C，已知每层每段的施工持续时间（d）为 A：3、3、2、2；B：4、2、3、2；C：2、2、2、3，试计算工期，并绘制流水施工进度计划表。

【解】 根据题设条件，该工程应组织无节奏流水施工。

（1）确定流水步距

一层：3，6，8，10

4，6，9，11 $K_{A,B}=3$

2，4，6，9 $K_{B,C}=5$

二层：   3，6，8，10 $K'=2$

4，6，9，11 $K_{A,B}=3$

2，4，6，9 $K_{B,C}=5$

（2）判别式

$$\max\sum t_i = 11 > \sum K_{i,i+1} + K' + Z_2 + \sum Z_1 - \sum C = (3+5)+2 = 10$$

具有 $\max\sum t_i$ 的 B 施工过程的施工队可以连续作业，所以先安排 B 工作，其他施工过程可依次按与 B 施工过程的步距关系安排作业。

（3）计算工期

$$T = \sum K_{i,i+1} + \sum Z_1 - \sum C + (r-1)\max\sum t_i + \sum t_n$$
$$= (3+5) + (2-1) \times 11 + 9$$
$$= 28d$$

（4）绘制流水施工进度计划表

如图 2-23 所示。

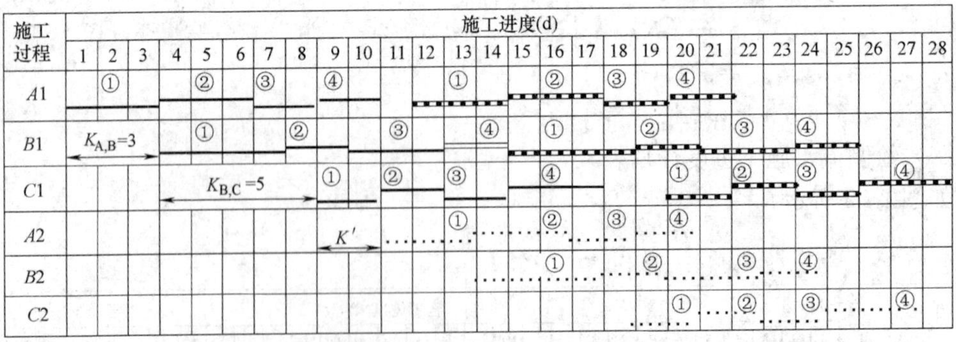

图 2-23   【例题 2-15】工程的施工进度计划表

结论：由图 2-23 所示，如果只考虑层间步距，如虚线所示，显然 B 施工过程在第一施工层和第二施工层 14d 处冲突重叠，所以 B 施工过程第二施工层第一段必须从第 15d 开始施工。

2.3.4 流水线法组织方法

流水线法流水施工比较适用于线形工程的施工。线形工程是指单向延伸的土木工程，如道路、管道、沟渠、堤坝和地下通道等。这类工程沿长度方向分布均匀、单一，作业队可匀速施工，一般采用流水线法组织施工。其步骤为：

① 划分施工过程，确定其数目 n；

② 确定主导施工过程；

③ 确定主导施工过程每个班次的施工速度 v，按 v 值设计其他施工过程的细部流水施工速度，并使两者相配合协调。

④ 确定相邻两作业队开始施工的时间间隔 K，当两队流水速度 相等时，则各相邻作业队之间的 K 均相等。

⑤ 计算流水工期 T。

线形工程流水工期 T 可按下式计算：

$$T=(n-1)K+L/v \tag{2-20}$$

有间歇时：

$$T=(n-1)K+\frac{L}{v}+\sum Z_1-\sum C \tag{2-21}$$

式中 K——流水步距，一段上的持续时间；

n——流水施工的施工过程数目；

L——工程的全长长度（km 或 m）；

v——作业队的施工速度（km/d 或 m/d）。

如果限定工期 T_1，则平行流水的数量 E_n 为：

$$E_n=\frac{T-(n-1)K}{T_1-(n-1)K} \tag{2-22}$$

或

$$m=\frac{L}{v \cdot [T_1-(n-1)K]} \tag{2-23}$$

式中 E_n——平行流水的数量；

T_1——限定的施工期限；

m——线形工程分成的段落数目，$m \leqslant 3$ 时可采用二班或三班制进行施工，不必划分施工段。

【例题 2-16】 某管道工程限定工期为 $T_1=120d$，作业队施工速度 $v=0.2km/d$，管线长度 $L=40km$，分 A、B、C、D、E 施工过程作业，流水步距 $K=5d$，试组织线形工程流水施工进度计划。

【解】 （1）计算线形工程流水工期 T

$$T=(n-1)K+L/v=(5-1)\times5+40/0.2=220d$$

（2）限定工期 120d，则平行流水的数量 E_n

$$E_n=\frac{T-(n-1)K}{T_1-(n-1)K}=\frac{220-20}{120-20}=2$$

（3）该管道工程的流水施工进度计划

如图 2-24 所示。

【例题 2-17】 某煤气管道铺设工程，长 400m，工期限定为 15d，由挖管沟、安装管

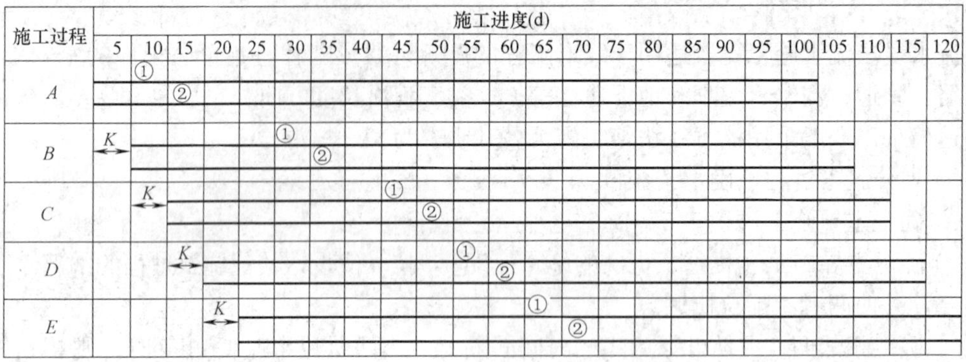

图 2-24　某管道工程流程施工进度计划图

道和回填土三个施工过程组成，采用挖土机挖管沟，人工安装管道和回填土。根据管沟断面和机械的产量定额，算得生产率为 40m/d。试组织线形工程流水施工进度计划。

【解】（1）确定施工过程数目 n，其由挖管沟、安管道和回填土三个施工过程组成，即 $n=3$。

（2）确定机械开挖管沟为主导施工过程，其施工速度 $v=40$m/d。

（3）安管道和回填土速度同主导施工过程，相应为 40m/d。

（4）确定相邻两专业队的开始作业时间间隔为 1d，即 $K=1$d。

（5）计算流水工期 $T=(n-1)K+L/v=(3-1)\times1+400/40=12$d，$T \leqslant T_1=15$d，不分施工段。

（6）该煤气管道铺设工程的施工进度计划见图 2-25。

图 2-25　煤气管道铺设工程的施工进度计划表

2.4　流水施工组织案例

1. 工程概况

某五层四单元砖混结构的住宅楼工程，建筑面积 5290m²，基础形式为钢筋混凝土条形基础；主体工程为砖混结构，楼板、楼梯均为现浇钢筋混凝土，屋面保温层选用珍珠岩保温，SBS 卷材防水层，外墙为灰色墙砖贴面，内墙为中级抹灰，楼地面为普通水泥砂浆面层，中空玻璃塑钢窗，木门。

2. 施工流水组织安排

本工程以基础工程、主体工程、屋面工程、装饰装修工程为主要分部工程控制整个工程的流水施工。首先组织分部工程流水施工，然后组织各分部工程合理搭接，最后合并成单位工程的流水施工。具体组织如下：

1）基础工程

基础工程包括挖土、混凝土垫层、基础绑筋、基础混凝土、回填土五个施工过程。土方工程采用机械挖土，用一台挖土机 8d 即可完成。混凝土垫层工程量较少，不对其划分施工段。基础工程的其余三个施工过程组织流水施工，根据结构特点以两个单元作为一个施工段，则共划分两个施工段。基础混凝土浇筑后 2d 方可进行土方回填。

2）主体工程

主体工程包括构造柱绑筋、砌筑砖墙、浇筑构造柱、支设梁板模板、绑梁板钢筋，浇筑梁板混凝土等工程，其中主导施工过程为砌筑砖墙过程。在平面上以两个单元作为一个施工段，共划分两个施工段。本工程由于有层间关系，而施工过程数大于施工段数，施工班组会出现窝工现象。因此只能保证主导施工过程连续施工，其他施工过程的施工班组与其他工地统一调度安排，以解决窝工问题。

3）屋面工程

屋面工程包括保温层、找平层、防水层等施工过程。由于防水工程的技术要求，因此不划分施工段。

4）装饰装修工程

装饰装修工程包括外墙贴面砖、楼地面抹灰、内墙抹灰、门窗安装、楼梯间粉刷等施工过程。装修工程采用自上而下的施工顺序，每层视为一个施工段，共五个施工段。

3. 工程主要施工过程的劳动量计算

（1）工程量计算应根据施工图纸据实计算，注意清单工程量与实际工程量的区别。计算工程量应注意以下四个问题：

1）工程量单位应与采用的企业劳动定额中相应项目的单位一致，以便在计算资源需用量时可直接套用定额，不再进行换算。

2）计算工程量时应结合选定的施工方法和安全技术要求，使计算所得工程量与施工实际情况相符合。例如，挖土时是否放坡，坡度大小；是否加工作面，其尺寸取多少；是否使用支撑加固；开挖方式是单独开挖、条形开挖还是整片开挖，这些都直接影响到土方工程量的计算。

3）结合施工组织的要求，分区、分段、分层计算工程量，以便组织流水作业。若每层、每段上的工程量相等或相差不大时，可根据工程量总数分别除以层数、段数，可得每层、每段上的工程量。

4）如已编制预算文件，应合理利用预算文件中的工程量，以免重复计算。流水组织中的施工项目大多可直接采用预算文件中的工程量，可按施工过程的划分情况将预算文件中有关项目的工程量汇总，如"砌筑砖墙"一项的工程量，可首先分析它包括哪些内容，然后按其所包含的内容从预算工程量中摘抄出来并加以汇总求得。流水组织中有些施工项目与预算文件中的项目完全不同或局部有出入时（例如土方工程，流水组织依据的工程量需要结合施工方案据实计算土方量，而清单工程量的土方计算平面是基础水平投影，不考虑放坡），则应根据施工中的实际情况加以修改、调整或重新计算。

（2）确定劳动量和机械台班量

确定劳动量和机械台班量应该套用企业劳动定额，如果套用国家或地方颁发的定额，必须注意结合本单位工人的技术等级、实际施工操作水平、施工机械情况和施工现场条件等因素，确定实际劳动定额的水平，使计算出来的劳动量、机械台班量符合实际需要，为准确编制施工进度计划打下基础。

有些采用新技术、新材料、新工艺或特殊施工方法的项目，企业劳动定额中尚未编入。这时可参考类似项目的定额、经验资料或按实际情况确定。

（3）该工程主要施工过程的劳动量见表 2-7。

主要施工过程劳动量　　　　　　　　　表 2-7

分部工程名称	分项施工过程名称	劳动量（工日或机械台班）	施工班组人数	流水节拍(d)
基础分部	挖土	8	1 台挖土机	8
	铺垫层	28	20	2
	基础绑筋	60	15	2
	浇筑基础混凝土	160	20	4
	回填土	80	20	2
主体工程	构造柱钢筋	142	15	1
	砌筑砖墙	2400	20	12
	浇筑构造柱	410	20	2
	梁板支模	920	20	5
	梁板绑筋	360	20	2
	浇筑梁板混凝土	980	20	5
屋面工程	保温层	80	20	4
	找平层	42	20	2
	防水层	60	10	6
装饰装修工程	楼地面抹灰	300	20	3
	内墙抹灰	580	20	6
	门窗安装	90	6	3
	外墙面砖	480	20	5
	楼梯间粉刷	16	4	4

4. 施工流水横道图（图 2-26）

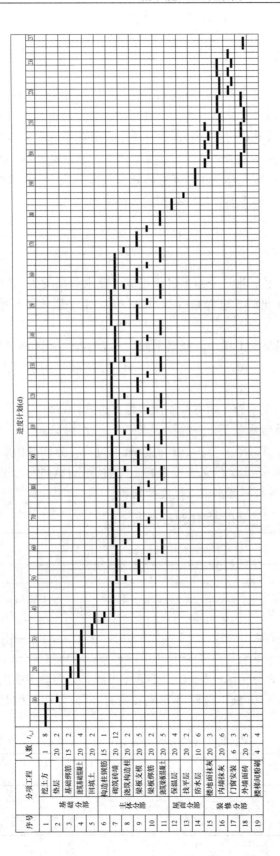

图 2-26　住宅楼流水横道图

本章小结

本章首先对比了依次施工（亦称顺序施工）、平行施工和流水施工这三种施工组织方式的特点及其适用范围，从而指出流水施工是一种科学、有效的施工组织方法。为了说明各施工过程在时间和空间上的开展情况及相互依存关系，引入了流水施工参数，即工艺参数、空间参数和施工参数。本章主要介绍了全等节拍流水、异节奏流水、无节奏流水和流水线法的流水施工组织方法，对其施工组织方式的特点、主要流水参数的确定方法进行了详细地介绍，为编制单位工程施工组织设计奠定了理论基础。

思考与练习题

2-1　某分部工程由Ⅰ、Ⅱ、Ⅲ三个施工过程组成，流水节拍均为3d，已知Ⅰ、Ⅱ过程之间可搭接1d施工，但第Ⅲ施工过程完后需养护一天，下一层才能开始，试组织三层的流水施工。

2-2　某两层现浇钢筋混凝土工程，其框架平面尺寸为15m×144m，沿长度方向每隔48m留伸缩缝一道。已知：$t_模=4d$，$t_筋=4d$，$t_砼=2d$，层间技术间歇（混凝土浇筑后的养护时间）为2d，试：

1）组织异步距成倍节拍流水施工，并绘制流水施工进度计划表。

2）组织等步距成倍节拍流水施工，并绘制流水施工进度计划表。

2-3　某分部工程划分为A、B、C、D、E五个施工过程，分四段组织流水施工，其流水节拍见表2-8所示，且施工过程C完成后需有1d的技术间歇时间，试确定各施工过程间流水步距，计算工期，并绘制流水施工进度计划表。

某分部工程的流水节拍 （d）　　　　　　　　　　　　表 2-8

施工过程＼施工段	①	②	③	④
A	3	2	3	2
B	3	1	5	4
C	4	4	3	3
D	2	3	4	1
E	3	5	2	4

2-4　某两层的分部工程划分为A、B、C三个施工过程，分四段组织施工，各施工过程的流水节拍见表2-9所示，已知施工过程B完成后需有2d的组织间歇时间，且层间间歇时间为1d，试组织流水施工。

某分部工程的流水节拍 （d）　　　　　　　　　　　　表 2-9

施工过程＼施工段	①	②	③	④
A	2	3	2	1
B	3	1	2	2
C	4	2	3	8

2-5　【2013 年一级建造师考题改】背景资料：某工程基础底板施工，合同约定工期 50d，项目经理部根据业主提供的电子版图纸编制了施工进度计划（图 2-27 ），底板施工暂未考虑流水施工。

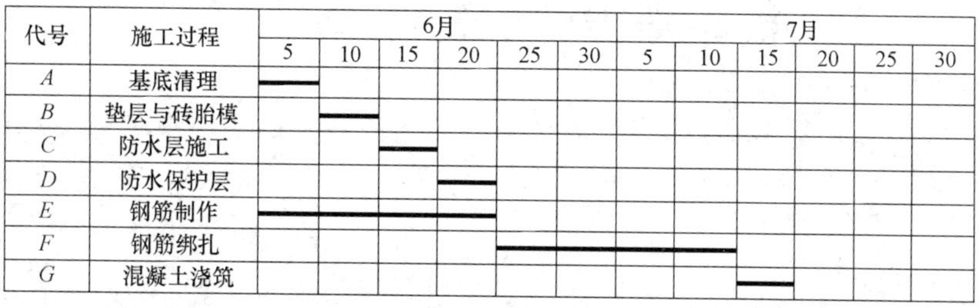

代号	施工过程	6月						7月					
		5	10	15	20	25	30	5	10	15	20	25	30
A	基底清理												
B	垫层与砖胎模												
C	防水层施工												
D	防水保护层												
E	钢筋制作												
F	钢筋绑扎												
G	混凝土浇筑												

图 2-27　施工进度计划图

在施工准备及施工过程中，发生了如下事件：

事件一：公司在审批该施工进度计划（横道图）时提出，计划未考虑工序 B 与 C、工序 D 与 F 之间的技术间歇（养护）时间，要求项目经理部修改。两处工序技术间歇（养护）均为 2d，项目经理部按要求调整了进度计划，经监理批准后实施。

事件二：施工单位采购的防水材料进场抽样复试不合格，致使工序 C 比调整后的计划开始时间延后 3d。因业主未按时提供正式图纸，致使工序 E 在 6 月 11 日才开始。

事件三：基于安全考虑，建设单位要求仍按原合同约定的时间完成底板施工，为此施工单位采取调整劳动力计划、增加劳动力等措施，在 15d 内完成了 2700t 钢筋制作（工效为 4.5t/人·工作日）。

问题：

1）考虑事件一、二的影响，计算总工期（假定各工序持续时间不变）。如果钢筋制作 E、钢筋绑扎 F 及混凝土浇筑 G 分别按两个流水段组织流水施工，各工作在每段上工作的持续时间等分，其总工期将变为多少天？是否满足原合同约定的工期？

2）计算事件三钢筋制作的劳动力投入量，编制劳动力需求计划时，需要考虑哪些参数？

第 3 章　网络计划技术

本章要点及学习目标

本章要点：

(1) 网络图与横道图相比的优缺点；

(2) 双代号、单代号网络图的绘图规则和时间参数的计算；

(3) 双代号时标网络图的时间参数计算；

(4) 网络计划优化的原理；

(5) 网络计划检查调整的方法。

学习目标：

(1) 了解网络图与横道图相比的优缺点；

(2) 掌握双代号网络图、单代号网络图的绘图规则和时间参数的计算；

(3) 熟悉双代号时标网络图的时间参数计算；

(4) 熟悉工期优化的原理和应用，了解资源优化和费用优化的原理；

(5) 了解网络计划检查调整的方法。

3.1　概述

3.1.1　网络计划技术的起源与发展

20 世纪 50 年代末，为了适应科学研究和新的生产组织管理的需要，国外陆续出现了一些计划管理的新方法。1956 年，美国杜邦公司研究创立了网络计划技术的关键线路方法（CPM）。1958 年，美国海军武器部在研制"北极星"导弹计划时，应用了计划评审方法（PERT）进行项目的计划安排、评价、审查和控制。20 世纪 60 年代初期，网络计划技术在美国得到了迅速推广，一些新建工程全面采用这种计划管理的新方法。1965 年，著名数学家华罗庚教授首先在我国的生产管理中推广和应用这些新的计划管理方法，他根据网络计划统筹兼顾、全面规划的特点，将其称为"统筹法"，并带领"小分队"在全国普及和推广。目前，网络计划技术已成为我国工程建设领域中工程项目管理和工程监理等方面必不可少的现代化管理方法。2009 年发布的国家标准《网络计划技术》GB/T 13400.3—2009，标志着网络计划技术更加完整合理、应用更广泛。网络计划技术的类型如表 3-1 所示。

网络计划技术的类型　　　　　　　表 3-1

类型		持续时间	
		肯定型	非肯定型
逻辑关系	肯定型	关键线路法(CPM) 搭接网络法	计划评审技术(PERT)
	非肯定型	决策树型网络法 决策关键线路法(DCPM)	图示评审技术(GERT) 随机网络计划技术(QERT) 风险型随机网络(VERT)

3.1.2　网络计划技术

网络计划技术是人们在管理实践中创造的，专门用于对项目进行管理，以保证实现预定目标的科学管理技术。它既是一种科学的计划表达方式，又是一种有效的管理方法，被广泛应用于项目管理规划、实施、控制的各阶段。其最大的特点是能为项目管理提供多种信息，从而有助于管理人员合理地组织项目实施，做到统筹规划、明确重点、优化资源，实现项目的目标。

长期以来，在工程技术行业生产的组织和管理上，特别是在施工的进度安排方面，一直用"横道图"的计划表达方式。它的特点是在列出每项后，画出一条横道线，以表明进度的起止时间。"横道图"和"网络图"的表示方法有各自的不同和优缺点。

图 3-1 所示为用横道图表示的进度计划，图 3-2 所示为用网络图表示的进度计划。两者内容完全相同，表示方法却完全不同。

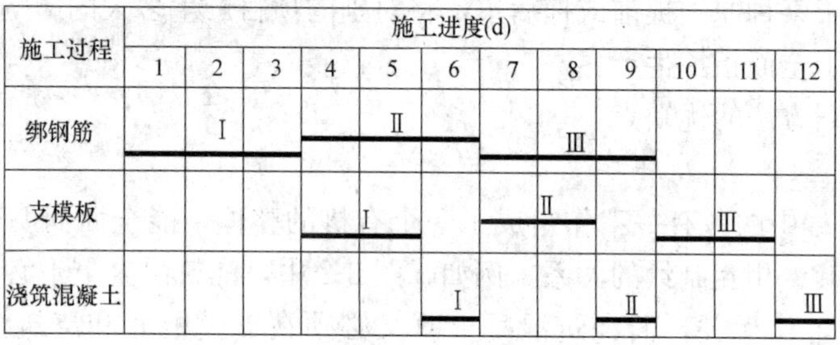

施工过程	施工进度(d)											
	1	2	3	4	5	6	7	8	9	10	11	12
绑钢筋		Ⅰ			Ⅱ			Ⅲ				
支模板					Ⅰ			Ⅱ			Ⅲ	
浇筑混凝土						Ⅰ			Ⅱ			Ⅲ

图 3-1　用横道图表示的进度计划

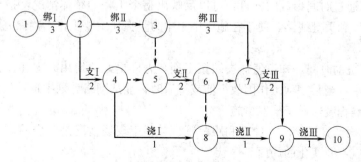

图 3-2　用网络图表示的进度计划

横道图是以横向线条结合时间坐标表示各项工作施工的起始点和先后顺序的，整个计划由一系列的横道线条组成。

网络计划图是以加注作业时间的箭线和节点组成的网状图形式来表示工程施工进度的计划。

（1）横道图的优缺点

横道图也称甘特图，是美国人甘特在20世纪初研究发明的。

1）优点

① 比较容易编制，简单、明了、直观、易懂。

② 结合时间坐标，各项工作的起止时间、作业持续时间、工程进度、总工期都能一目了然。

③ 流水情况表示清楚。

2）缺点

① 方法虽然简单也较直观，但是它只能表明已有的静态状况，不能反映出各项工作之间错综复杂、相互联系、相互制约的生产和协作关系。例如，图3-1中，浇筑混凝土Ⅱ只与支模板Ⅱ有关而与其他工作无关，但其还与浇筑混凝土Ⅰ有关。

② 反映不出哪些工作是主要的，哪些生产联系是关键性的，当然也就无法反映出工程的关键所在和工程整体情况，也就是不能明确反映关键线路，看不出可以灵活机动使用的时间，因而也就不容易抓住工作的重点，无法进行合理的组织安排和指导施工，不知道怎样去缩短工期、降低成本及调整劳动力。

由于横道图存在着一些不足之处，所以对改进和加强施工管理工作是不利的，即使编制计划的人员开始也仔细地分析和考虑了一些问题，但是在图面上反映不出来，特别是项目多、关系复杂时，横道图就很难充分反映工作间的矛盾。在计划执行的过程中，某个项目完成的时间由于某种原因提前或拖后了，将对别的项目产生多大的影响，从横道图上则很难看清，不利于全面指挥生产。

（2）网络计划方法的优缺点

1）优点

① 在施工过程中的各有关工作组成了一个有机的整体，能全面而明确地反映出各项工作之间相互依赖、相互制约的关系。例如，图3-2中，浇筑混凝土Ⅰ必须在支模板Ⅰ之后进行而与其他工作无关，而浇筑混凝土Ⅱ又必须在支模板Ⅱ和浇筑混凝土Ⅰ之后进行等。

② 网络图通过时间参数的计算，可以反映出整个工程的整体情况，指出对全局性有影响的关键工作和关键线路，便于在施工中集中力量抓住主要工作，确保完工工期，避免盲目施工。

③ 能显示机动时间，知道怎样去缩短工期，怎样更好地使用人力和设备资源。在计划执行的过程中，当某一项工作因故提前或拖后时，能从网络计划中预见到它对后续工作及总工期的影响程度，便于采取措施。

④ 能够利用计算机绘图、计算和跟踪管理。施工现场情况是多变的，利用计算机进行管理才能适应不断变化的局面。

⑤ 便于优化和调整，加强管理，取得好、快、省的全面效果。应用网络计划绝不是单纯地追求进度，而是要与经济效益结合起来。

2）缺点

流水施工的情况很难在网络计划上全面反映出来，不如横道图那么直观明了。现在网络计划技术也不断地发展和完善，例如采用带时间坐标的网络计划便可弥补这些不足。

3.1.3　网络计划技术的适用范围

网络计划技术最适用于项目计划，特别适用于大型、复杂、协作广泛的项目进度控制。就工程项目领域而言，它既适用于单体工程，又适用于群体工程；既适用于土建工程，又适用于安装工程；既适用于部门计划，又适用于企业的年度、季度、月度计划；既适用于肯定型的计划，又适用于非肯定型的计划，还适用于有时限的计划；既可以进行常规时间参数的计算，又可以进行计划优化和调整。其他计划模型无法与它比拟。

3.1.4　网络计划技术在项目管理中应用的阶段和步骤

根据《网络计划技术第 3 部分：在项目计划管理中应用的一般程序》GB/T 13400.3—2009 的规定，网络计划技术在项目管理中应用的阶段和步骤如表 3-2 所示。

网络计划技术在项目管理中应用的阶段与步骤　　　　　表 3-2

序号	阶　段	步　骤
1	准备	确定网络计划目标
		调查研究
		项目分解
		工作方案设计
2	绘制网络图	逻辑关系分析
		网络图构图
3	计算参数	计算工作持续时间和搭接时间
		计算其他时间参数
		确定关键线路
4	编制可行网络计划	检查与修正
		可行网络计划编制
5	确定正式网络计划	网络计划优化
		网络计划的确定
6	网络计划的实施与控制	网络计划的贯彻
		检查和数据采集
		控制与调整
7	收尾	分析
		总结

3.1.5　网络计划的分类

按照不同的分类原则，可以将网络计划分成不同的类型。

（1）按性质分类

1）肯定型网络计划

肯定型网络计划是指工作、工作之间的逻辑关系，以及各项工作的持续时间都是确定的、单一的数值，整个网络计划有确定的计划总工期。

2）非肯定型网络计划

非肯定型网络计划是指工作、工作之间的逻辑关系和工作持续时间，三者中一项或多项不肯定的网络计划。在这种网络计划中，各项工作的持续时间只能按概率方法确定出三个值，整个网络计划无确定的计划总工期。计划评审技术和图示评审技术就属于非肯定型网络计划。

（2）按表示方法分类

1）单代号网络计划

单代号网络计划是以单代号表示法绘制的网络计划。在网络图中，每个节点表示一项工作，箭线仅用来表示各项工作间相互制约、相互依赖的关系。评审技术和决策网络计划等就是采用的单代号网络计划。

2）双代号网络计划

双代号网络计划是以双代号表示法绘制的网络计划。在网络图中，箭线用来表示工作。目前，工程中大多采用双代号网络计划。

（3）按目标分类

1）单目标网络计划

单目标网络计划是指只有一个终点节点的网络计划，即网络图只有一个最终目标。如一个建筑物的施工进度计划只具有一个工期目标的网络计划。

2）多目标网络计划

多目标网络计划是指终点节点不止一个的网络计划。此种网络计划具有若干个独立的最终目标。

（4）按有无时间坐标分类

1）时标网络计划

时标网络计划是指以时间坐标为尺度绘制的网络计划。在网络图中，每项工作箭线的水平投影长度与其持续时间成正比。

2）非时标网络计划

非时标网络计划是指不按时间坐标绘制的网络计划。在网络图中，工作箭线长度与持续时间无关，可按绘图需要绘制。通常绘制的网络计划都是非时标网络计划。

（5）按层次分类

1）总网络计划

总网络计划是以整个计划任务为对象编制的网络计划，如群体网络计划或单项工程网络计划。

2）局部网络计划

局部网络计划是以计划任务的某一部分为对象编制的网络计划，如分部工程网络图。

（6）按工作衔接特点分类

1）普通网络计划

普通网络计划是指工作间关系均按首尾衔接关系绘制的网络计划，如单代号、双代号和概率网络计划。

2）搭接网络计划

搭接网络计划是指按照各种规定的搭接时距绘制的网络计划，其网络图既能反映各种搭接关系，又能反映相互衔接关系，如前导网络计划。

3）流水网络计划

流水网络计划是指充分反映流水施工特点的网络计划，包括横道流水网络计划、搭接流水网络计划和双代号流水网络计划。

3.2　双代号网络计划

3.2.1　基本概念

双代号网络计划中工作的基本模型是：以箭线表示工作，工作名称标注在箭线之上，工作的持续时间标注在箭线之下，箭尾表示活动的开始，箭头表示活动的结束，箭头和箭尾画上圆圈并分别编上标号 i 和 j，用箭头和箭尾编号 i-j 代表这项工作的名称，双代号因此得名，如图 3-3 所示。将一个工程项目的所有工作采用双代号的工作模型，根据其开展的先后顺序并考虑其制约关系，从左向右排列起来，所形成一个有序的网状图形为双代号网络图，如图 3-4 所示。

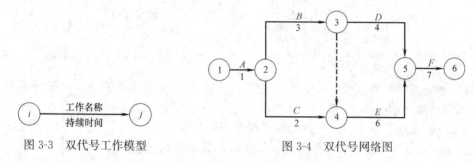

图 3-3　双代号工作模型　　　　　　　　图 3-4　双代号网络图

双代号网络图由工作、节点和线路三个基本要素组成。

（1）工作

工作是泛指一项需要消耗人力、物力和时间的具体活动过程。工作是工程项目管理按需要划分而成的，消耗时间同时也消耗资源的一个子项目或子任务，它可以视工程项目结构分解（WBS）各个层次的工作单元或工作包，也可以视计划的要求、层次及应用的不同而定。

工作通常分为三种：需要消耗时间和资源、只消耗时间而不消耗资源（如混凝土养护）、不消耗时间和资源。前两种是实际存在的工作，后一种是人为的虚设工作，称为虚工作，用虚箭线或实箭线下标以"0"表示，它在网络计划中只表示相邻前后工作之间的逻辑关系。

工作箭线的长短在无时间坐标网络计划中与时间长短无关，工作箭线的方向则应始终保持从左向右的方向，在双代号网络图中不得逆向。

（2）节点

在双代号网络图中的圆圈表示工作之间的联系，称为节点。在时间上节点表示指向某节点的工作全部完成后该节点后面的工作才能开始的瞬间，它反映双代号网络图中箭线的出发和交接点。

在双代号网络图中，节点只标志着工作的结束和开始的瞬间，具有承上启下的衔接作用，而不需要消耗时间或资源。如图 3-4 中的节点 5，它只表示 D、E 两项工作的结束时刻，也表示工作 F 的开始时刻。在双代号网络图中的一项工作可以用其前后两个节点的编号表示。如图 3-4 中的 D 工作可以称为"工作 3-5"。

如图 3-5 所示，节点有以下几种：箭线出发的节点即开始节点；箭线进入的节点称为结束节点；中间节点，它既有进入箭线，又有发出箭线。

中间节点的进入箭线与发出箭线互为紧前、紧后关系，一一对应。如图 3-5 所示，工作 A 为 B 的紧前工作；反之，工作 B 为工作 A 的紧后工作。

当两项工作具有相同开始节点时，这两项工作为平行工作。有时某项（或几项）工作通过虚工作与另一项工作的开始节点相连，他们在性质上也是平行工作。如图 3-6 所示，B、D 为平行工作，E 与 F 同为 C 的平行工作。

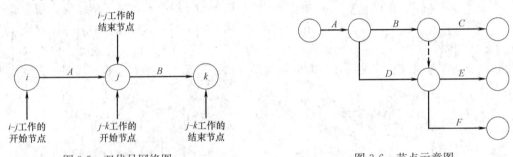

图 3-5　双代号网络图　　　　　　　　图 3-6　节点示意图

整个网络图的开始节点，如图 3-4 中的"1"节点，称为起点节点，或起始节点；整个网络图的最终节点，如图 3-4 中的"6"节点，称为终点节点，或终止节点。介于网络图起点节点和终点节点之间的节点，都可称为中间节点。

在实际工作中，重要工作的开始节点或结束节点称为里程碑事件；如工程开工、竣工，主体结构封顶等。

（3）线路

网络图中从起点节点开始，沿箭线方向通过一系列箭线与节点连续不断最后达到终点节点的一条通路称为线路。在一个网络图中一般存在多条线路，每条线路中各项工作持续时间之和就是该线路的长度，也是完成这条线路上所有工作的计划工期。工期最长的线路称为关键线路，位于关键线路上的工作为关键工作，其他工作则为非关键工作。关键工作完成的快慢直接影响整个计划工期的实现。网络图中，关键工作用粗箭线或双箭线表示。

如图 3-4 所示的一个简单的网络图中，共有 1→2→3→5→6，1→2→4→5→6，1→2→3→4→5→6 三条线路，持续时间之和（即计划工期）分别为 15、16、17，1→2→3→4→5→6 的持续时间最长，则 A、B、E、F 为关键工作，C、D 为非关键工作。

网络计划中关键线路可能同时存在几条关键线路，即这几条线路上的持续时间相同。如果将图 3-4 中的工作 C、D 的持续时间分别调整为 3、6，则上述三条线路的持续时间之和都是 17，所以三条线路都为关键线路。

在实际工作中，如果一些工作的持续时间因某种原因出现变化，则该网络计划的各条线路的持续时间都将产生变化。因此，网络图中的关键线路并不是一成不变的，在一定条件下，关键线路和非关键线路可以相互转化，因而关键工作和非关键工作也可能互相转化。

3.2.2　双代号网络图绘制的方法

网络计划技术应用于工程项目管理中主要用来编制工程项目进度计划，并通过计划进行项目进度控制。因此，网络图必须正确表达工程项目各项工作之间的逻辑关系，即各项工作进行时客观上存在的一种相互制约或相互依赖的关系，也就是先后顺序关系。因此，在绘制网络图时必须遵循一定的基本规则和要求。绘制双代号网络图时，主要应注意以下几个方面。

（1）网络图必须正确表达工作之间的逻辑关系

要画出一个正确地反映工作逻辑关系的网络图，首先必须分析各项工作之间的逻辑关系：

1）该工作必须在哪些工作之前进行？

2）该工作必须在哪些工作之后进行？

3）该工作可以与哪些工作平行进行？

这些问题可以通过项目结构分析得到解决。

由于网络图是有向、有序网状图形，所以必须严格按照工作之间的逻辑关系绘制，这也是为了保证工程质量和资源优化配置及合理使用考虑。网络图中常见的一些逻辑关系及其表示方法如表 3-3 所示。

（2）双代号网络图绘制基本规则

1）只允许有一个起点节点，一个终点节点。网络计划图必须是封闭的。

2）网络图中严禁出现从一个节点出发，顺箭头方向又回到原出发点的循环回路。若出现循环回路，会造成逻辑关系混乱，使工作无法按顺序进行。图 3-7 所示为错误的画法。

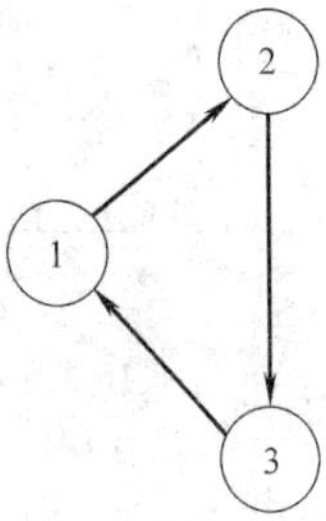

图 3-7　循环回路

双代号网络图中常见的各种工作逻辑关系的表达方法　　　　　表 3-3

序号	工作逻辑关系	网络图中的表示方法	说　　明
1	A 完成后进行 B	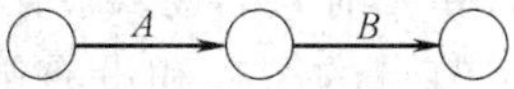	A 制约 B 的开始，B 依赖 A 的结束
2	A、B、C 同时开始	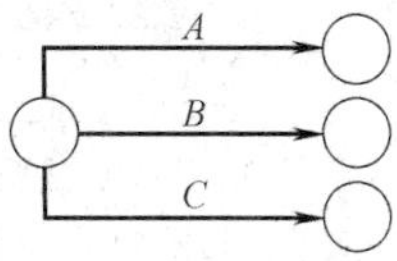	A、B、C 三项工作为平行工作
3	A、B、C 同时结束	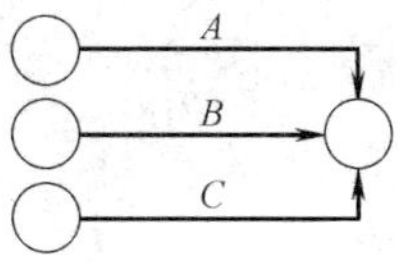	A、B、C 三项工作为平行工作
4	A 完成后同时进行 B、C	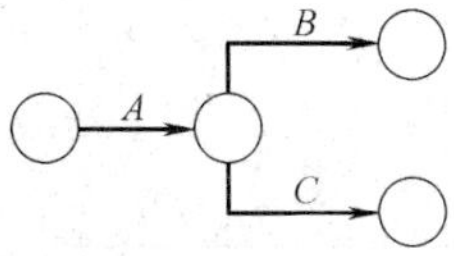	A 制约 B、C 的开始，B、C 为平行工作

续表

序号	工作逻辑关系	网络图中的表示方法	说　明
5	A、B 都完成后进行 C		A、B 为平行工作，C 依赖 A、B 的结束
6	A、B 都完成后同时进行 C、D		通过中间事件 j 正确地表达了 A、B、C、D 之间的关系
7	A 完成后同时进行 C、D，B 完成后进行 D		D 与 A 之间引入了逻辑连接（虚工作），只有这样才能正确表达它们之间的约束关系
8	A 完成后进行 D，B 完成后进行 D、E，C 完成后进行 D、E		虚工作表示 D 受到 B、C 的约束，E 不受 A 的影响
9	A、B 完成后进行 C，B、D 完成后进行 E		A 只制约 C，D 只制约 E，B 既制约 C，也制约 E

3）网络图中的箭线（包括虚箭线）应保持自左向右的方向，不应出现箭头指向左方的水平箭线和箭头偏向左方的斜向箭线。

4）网络图中严禁出现双向箭头和无箭头的连线。图 3-8 所示为错误的工作箭线画法。

5）网络图中严禁出现没有箭尾节点的箭线和没有箭头节点的箭线。图 3-9 所示为错误的绘图。

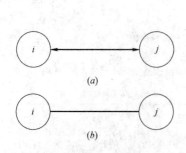

图 3-8　错误的工作箭线画法

(a) 双向箭头箭线；(b) 无箭头箭线

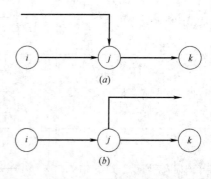

图 3-9　错误的画法

(a) 没有箭尾节点的箭线；(b) 没有箭头节点的箭线

6) 网络图中的节点都必须编号，其编号严禁重复，并应使每一条箭线上箭尾节点编号小于箭头节点编号。

7) 严禁在箭线上引入或引出箭线。图 3-10 所示为错误的绘图。

8) 应尽量避免网络图中工作箭线的交叉。当交叉不可避免时，可以采用过桥法或指向法处理，如图 3-11 所示。其中，过桥法是用过桥符号表示箭线交叉，避免引起混乱的绘图方法。指向法是在箭线交叉较多处截断箭线、添加虚线指向圈以指示箭线方向的绘图方法。

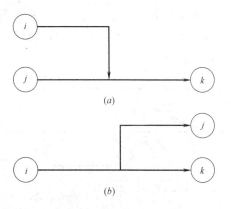

图 3-10 错误的绘图
(a) 箭线上引入箭线；(b) 箭线上引出箭线

（3）虚箭线在网络图绘制中的应用

通过前面介绍的各种工作逻辑关系的表示方法，可以清楚地看出，虚箭线不是一项正式的工作，而是在绘制网络图时根据逻辑关系的需要而增设的。虚箭线有助于正确表达各工作间的关系，避免逻辑错误。虚箭线在网络图的绘制中主要有以下应用。

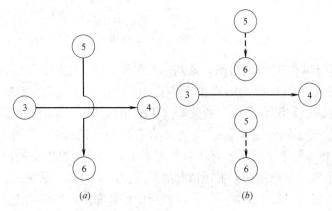

图 3-11 箭线交叉的表示方法
(a) 过桥法；(b) 指向法

1) 虚箭线在工作的逻辑连接方面的应用

绘制网络图时，经常会遇到表 3-3 中第 7 项所示图例的情况，A 工作结束后可同时进行 C、D 两项工作，B 工作结束后进行 D 工作。从这四项工作的逻辑关系可以看出，A 的紧后工作为 C，B 的紧后工作为 D，但 D 又是 A 的紧后工作，为了把 A、D 两项工作紧前紧后的关系表达出来，这时就需要引入虚箭线。因虚箭线的持续时间是零，虽然 A、D 间隔有一条虚箭线，又有两个节点，但二者的关系仍是在 A 工作完成后，D 工作才可以开始。

2) 虚箭线在工作的逻辑"断路"方面的应用

绘制双代号网络图时，最容易产生的错误是把本来没有逻辑关系的工作联系起来了，使网络图发生逻辑上的错误。这时就必须使用虚箭线在图上加以处理，以隔断不应有的工作联系。用虚箭线隔断网络图中无逻辑关系的各项工作的方法称为"断路法"。产生错误的地方总是在同时有多条内向和外向箭线的节点处，画图时应特别注意，只有一条内向或外向箭线之处是不会出错的。

如果已知工作之间的逻辑关系如表 3-4 所示，则网络图（图 3-12a）是错误的，因为工作 A 不是工作 D 的紧前工作。此时，可用虚箭线将工作 A 和工作 D 的联系断开，如图 3-12（b）所示。

逻辑关系表　　　　　　　　　　　　　　　　　　　表 3-4

工作	A	B	C	D
紧前工作	—	—	A、B	B

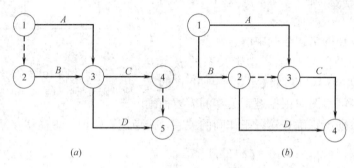

图 3-12　箭线交叉的表示方法

(a) 错误画法；(b) 正确画法

例如，绘制某基础工程的网络图，该基础共四项工作（挖槽、垫层、墙基、回填土），分两段施工，如绘制成图 3-13 的形式那就错了。因为第二施工段的挖槽（挖槽 2）与第一施工段的墙基（墙基 1）没有逻辑上的关系（图中用粗线表示），同样第一施工段回填土（回填土 1）与第二施工段垫层（垫层 2）也不存在逻辑上的关系（图中用粗线表示），但是，在图 3-13 中却都发生了关系，直接联系起来了，这是网络图中的原则性错误，它将会导致以后计算中的一系列错误。上述情况如要避免，必须运用断路法，增加虚箭线来加以分隔，使墙基 1 仅为垫层 1 的紧后工作，而与挖槽 2 断路；使回填土 1 仅为墙基 1 的紧后工作，而与垫层 2 断路。正确的网络图应如图 3-14 所示。这种断路法在组织分段流水作业的网络图中使用很多，十分重要。

3）虚箭线在两项或两项以上的工作同时开始和同时完成时的应用

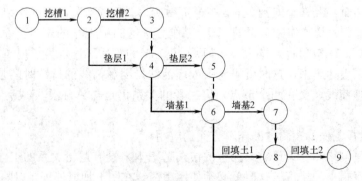

图 3-13　逻辑关系的错误

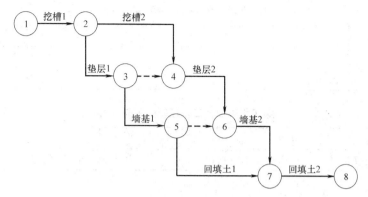

图 3-14　虚箭线应用：正确的逻辑关系

两项或两项以上的工作同时开始和同时完成时，必须引进虚箭线，以免造成混乱。图 3-15（a）中，A、B 两项工作的箭线共用①、②两个节点，1-2 代号既表示 A 工作又可表示 B 工作，代号不清，就会在工作中造成混乱。而图 3-15（b）中，引进了虚箭线，即图中的 2-3，这样 1-2 表示 A 工作，1-3 表示 B 工作，前面那种两项工作共用一个双代号的现象就消除了。

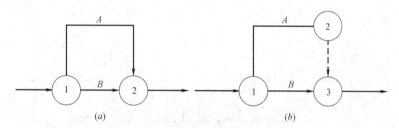

图 3-15　箭线交叉的表示方法
（a）错误；（b）正确

可以看出，在绘制双代号网络图时，虚箭线的使用是非常重要的，但使用又要恰如其分，不得滥用，因为每增加一条虚箭线，一般就要相应地增加节点，这样不仅使图面繁杂，增加绘图工作量，而且还要增加时间参数计算量。因此，虚箭线的数量应以必不可少为限度，多余的必须全数删除。此外，还应注意在增加虚箭线后，要全面检查一下有关工作的逻辑关系是否出现新的错误。不要只顾局部，顾此失彼。

（4）网络图的结构

网络计划是用来指导实际工作的，所以除了要符合逻辑外，图面还必须清晰，要进行周密合理的布置。

在正式绘制网络图之前，最好先绘成草图，然后再加以整理，工作箭线应尽量采用水平线或垂直的折线。经过整理后的网络图应箭线整齐、条理清楚、布局合理，且无多余的虚工作。

（5）双代号网络图的绘制举例

某工程项目各工作逻辑关系如表 3-5 所示。

由于紧前工作关系与紧后工作关系存在一一对应关系，根据上表可以分析出上述各项工作的紧后工作，如表 3-6 所示。

某工程项目各工作逻辑关系表（1）　　　　　　　　　　　　表 3-5

活动	A	B	C	D	E	F	G	H	I	J	K
持续时间(d)	5	4	10	2	4	6	8	4	2	2	2
紧前活动	—	A	A	A	B	B、C	C、D	D	E、F	G、H、F	I、J

某工程项目各工作逻辑关系表（2）　　　　　　　　　　　　表 3-6

活动	A	B	C	D	E	F	G	H	I	J	K
紧后活动	B、C、D	E、F	F、G	G、H	I	I、J	J	J	K	K	—

作法一：

第一步：首先作出 A 的紧后工作 B、C、D，以及 B 的紧后工作 E、F，如图 3-16（a）；

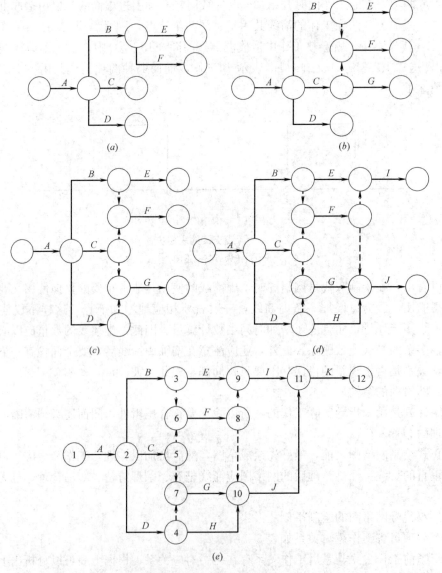

图 3-16　网络图的绘制

第二步：在 C 工作后作 F、G，这时由于 F 同时受 B、C 制约，而 E、G 分别仅受 B、C 的限制（暂不考虑 D 工作的影响），如图 3-16（b）；

第三步：在 D 工作后作 H、G，同样由于 G 同时受 C、D 制约，则图 3-16（b）可修改为 3-16（c）；

第四步：同时考虑 E、F、G、H 的紧后工作，I 分别受 E、F 制约，J 分别受 F、G、H 制约，F 同时对 I、J 产生影响，所以应采用虚箭线连接，如图 3-16（d）；

第五步：I、J 的紧后工作为 K，应用表 3-3 第 5 项的表示方法。最后即可作出完整的双代号网络图，如图 3-16（e）。

第六步：编号。为了使网络图便于检查和计算，所有节点均应统一编号，一条箭线前后两个节点的号码就是该箭线所表示的工作代号。在对网络图进行编号时，应注意以下几点：

① 箭尾节点的号码一般应小于箭头节点的号码；

② 在一个网络计划图中，所有的节点不能出现重复的编号；

③ 网络图中一般采用连续编号，主要是为了便于作图检查与计算；编号时，应结合具体情况，一般应按从上向下，从左向右的顺序进行。

当网络计划应用于实际工程时，则应考虑到可能在网络图中会增添或改动某些工作，故在节点编号时，可预先留出备用的节点号，即采用不连续编号的方法，如 1，3，5…或 1，5，10…，以便于调整，避免以后由于中间增加一项或几项工作而改动整个网络图的节点编号。

该工程网络图的编号情况如图 3-16（e）所示。

第七步：网络图的检查。网络图的检查一般可根据紧前关系从后向前逐步检查，判断网络图所表达出的先后顺序是否与紧前关系相吻合。

作法二：

初作网络图时，如果工作关系较复杂，将每一项工作与其有紧后关系的工作都增加一个虚箭线，这样可比较方便的作出初步的网络图。这时在所绘制的网络图中必然会出现一些不必要的虚箭线，它们对逻辑关系不产生影响，所以应将其去除。

初次布置如图 3-17 所示。在该图中，I、J 工作前面应只有一个虚箭线，多余的虚箭线可以删去。

刚开始作图时很难布置得整齐，经过整理，并给节点编号，即可得到整齐、规范的网络图。

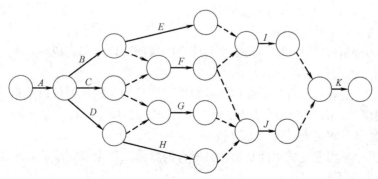

图 3-17 初次布置图

网络计划图绘制还可以采用"矩阵法"，这种方法相对比较刻板，规则繁琐，但有时效果较好。

在绘制网络图时，脑子里要始终记住绘图规则，当遇到工作关系比较复杂时，要尝试进行调整，如调整箭线位置、增加虚箭线等，最重要的是要满足逻辑关系。当网络图初步绘成后，要在满足逻辑关系的情况下，对网络图进行适当调整。要熟练绘制双代号网络图，必须多多练习。

3.2.3　双代号网络计划时间参数计算

上述网络图一般只能表示工作实施的先后顺序，实际工程中还必须知道每一项工作什么时间开始，什么时间结束。因此，实际工作中首先应对网络计划中各项工作的持续时间进行定义，然后通过网络计划的时间参数计算确定网络图中各项工作和各个节点的时间参数，为网络计划的执行、调整及优化提供明确的时间概念。

1. 网络计划的时间参数

网络图中的时间参数一般包括：

（1）工作持续时间和工期

工作持续时间是指一项工作从开始到完成的时间，在双代号网络计划中，工作 i-j 的持续时间用 $D_{i\text{-}j}$ 表示。对于一般肯定型网络计划，工作持续时间的计算方法有：参照以往实践经验估算、经过试验推算、通过定额进行计算。

工期泛指完成一项任务所需要的时间。在网络计划中，工期一般有以下三种：

① 计算工期：根据网络计划时间参数计算得出的工期，用 T_c 表示。

② 要求工期：任务委托人所提出的指令性工期，用 T_r 表示。

③ 计划工期：根据要求工期和计算工期所确定的作为实施目标的工期，用 T_p 表示。

在网络计划计算中，一般如果不特别说明，计划工期即等于计算工期。

（2）节点的时间参数

① 节点最早时间：双代号网络计划中，以该节点为开始节点的各项工作的最早开始时间。

② 节点最迟时间：双代号网络计划中，以该节点为完成节点的各项工作的最迟开始时间。

（3）工作的时间参数

网络计划中的工作一般有六个时间参数：

1）工作最早可能开始时间

工作 i-j 的最早可能开始时间是指在其所有的紧前工作全部完成后，本工作有可能开始的最早时刻，用 $ES_{i\text{-}j}$ 表示。

"最早可能开始时间"的含义是工作不能早于该时刻开始，但可以推迟。实际推迟时间的多少视网络计划的具体情况受最迟必须开始和完成时间限制。

2）工作最早可能完成时间

工作 i-j 的最早可能完成时间是指在其所有的紧前工作全部完成后，本工作有可能完成的最早时刻，用 $EF_{i\text{-}j}$ 表示。

工作的最早完成时间等于本工作的最早开始时间与其持续时间之和。

$$EF_{i\text{-}j} = ES_{i\text{-}j} + D_{i\text{-}j} \tag{3-1}$$

3）工作最迟必须开始时间

工作 $i\text{-}j$ 的最迟必须开始时间是指在不影响整个任务按期完成的前提下，本工作必须开始的最迟时刻，用 $LS_{i\text{-}j}$ 表示。

4）工作最迟必须完成时间

工作 $i\text{-}j$ 的最迟必须完成时间是指在不影响整个任务按期完成的前提下，本工作必须完成的最迟时刻，用 $LF_{i\text{-}j}$ 表示。

"最迟必须完成时间"的含义是工作不能迟于该时刻完成，但可以提前。实际提前时间的多少视网络计划的具体情况受最早可能开始和完成时间限制。"最迟必须完成时间"一般受网络计划工期的限制。

工作的最迟开始时间等于本工作的最迟完成时间与其持续时间之差。

$$LS_{i\text{-}j} = LF_{i\text{-}j} - D_{i\text{-}j} \tag{3-2}$$

5）工作总时差

工作总时差是指在不影响总工期的前提下，本工作可以利用的机动时间，工作 $i\text{-}j$ 的总时差用 $TF_{i\text{-}j}$ 表示。

6）工作自由时差

工作自由时差是指在不影响其紧后工作最早时间的前提下，本工作可以利用的机动时间，工作 $i\text{-}j$ 的自由时差用 $FF_{i\text{-}j}$ 表示。

这里，所谓机动时间是指某项工作在最早开始时间的基础上可能向后"移动"的时间。

上述基本概念对任何一种网络计划都是适用的。

网络计划时间参数的计算有分析计算法、图上计算法、表上计算法、节点标注法，各种方法计算的原理都差不多。本书主要介绍图上计算法。

2. 双代号网络计划图上计算法

（1）图上计算法的标注与计算公式

图上计算法一般采用"六时标注法"，如图 3-18 所示。

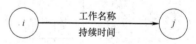

图 3-18 图上计算六时标注法

网络图中各个时间参数的计算工作如表 3-7 所示。

（2）计算示例

根据表 3-5 所给出的某个工程项目的各项活动、持续时间及逻辑关系，绘制出图 3-16 (e) 所示的网络图。以此图为例介绍双代号网络计划图上计算方法，计算结果如图 3-19 所示。

步骤一：计算工作的最早可能开始时间与最早可能完成时间（简称早时间）。

①早时间的计算顺序从左向右，即从网络计划的起始节点向终点节点进行计算；

②如果没有特殊说明，以起始节点为开始节点的工作的最早可能开始时间为 0；

③其他各项工作的最早可能开始时间取紧前工作的最早可能完成时间的最大值。

如图 3-19 所示，工作 A 的最早可能开始时间 $ES_A = 0$，则其最早可能完成时间 $EF_A = 0 + 5 = 5$。

网络图时间参数计算表   表 3-7

最早时间	最迟时间	总时差	自由时差
$ES_{i\text{-}j}=\max EF_{h-i}$ $=\max\{ES_{h-i}+D_{h-i}\}$ $EF_{i\text{-}j}=ES_{i\text{-}j}+D_{i\text{-}j}$	$LF_{l-n}=T_p$ $LF_{i\text{-}j}=\min LS_{j-k}$ $=\min\{LF_{j-k}-D_{j-k}\}$ $LS_{i\text{-}j}=LF_{i\text{-}j}-D_{i\text{-}j}$	$TF_{i\text{-}j}=LS_{i\text{-}j}-ES_{i\text{-}j}$ $=LF_{i\text{-}j}-EF_{i\text{-}j}$	$FF_{i\text{-}j}=ES_{j-k}-EF_{i\text{-}j}$ $=ES_{j-k}-ES_{i\text{-}j}-D_{i\text{-}j}$
式中:工作 $h\text{-}i$ 表示以 i 为结束节点的所有工作,即工作 $i\text{-}j$ 所有的紧前工作。$ES_{i\text{-}j}=\max EF_{h-i}$ 表示某一工作的最早可能开始时间等于其紧前工作最早可能完成时间的最大值。当 $i\text{-}j$ 的紧前工作只有一项时,$ES_{i\text{-}j}=EF_{h-i}$	式中:设 n 为网络计划的终点节点,则以 n 为结束节点的所有工作 $t\text{-}n$ 的最迟必须完成时间 LF_{t-n} 等于该计划的计划工期 T_p。$LF_{i\text{-}j}=\min LS_{j-k}$ 表示某一工作的最迟必须完成时间等于其紧后工作最迟必须开始时间的最小值。当 $i\text{-}j$ 的紧后工作只有一项时,$LF_{i\text{-}j}=LS_{h-i}$	式中:工作最迟必须开始时间与最早可能开始时间之差,或工作最迟必须完成时间与最早可能完成时间之差,即工作所有总时差,若工作的移动超过这一时差,计划的工期即会受到影响	式中:紧后工作的最早可能开始时间与该工作最早可能完成时间之差即为该工作的自由时差,若该工作的移动超过这一时差,其紧后工作的开始时间就受到影响

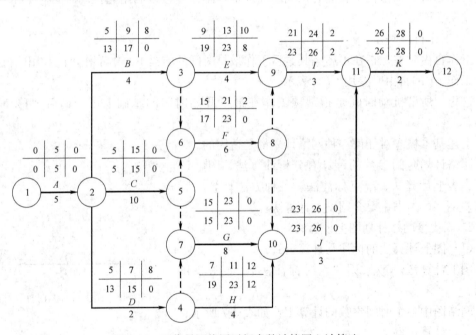

图 3-19　双代号网络图时间参数计算图上计算法

工作 B、C、D 的紧前工作只有一项工作 A,则 B、C、D 的最早可能开始时间 $ES_B=ES_C=ES_D=EF_A=5$。$EF_B=5+4=9$;$EF_C=5+10=15$;$EF_D=5+2=7$。

同样,工作 E 的紧前工作只有工作 B,则 $ES_E=EF_B=9$,$EF_E=9+4=13$。

工作 F 的紧前工作有工作 B 和 C,$ES_F=\max\{EF_B,EF_C\}=\max\{9,15\}=15$,$EF_F=15+6=21$。

工作 G 的紧前工作有工作 C 和 D,$ES_G=\max\{EF_C,EF_D\}=\max\{15,7\}=15$,$EF_G=15+8=23$。

工作 I 的紧前工作有工作 E 和 F,$ES_I=\max\{EF_E,EF_F\}=\max\{13,21\}=21$,

$EF_I = 21 + 3 = 24$。

工作 H 的紧前工作只有工作 D，则 $ES_H = EF_D = 7$，$EF_H = 7 + 4 = 11$。

工作 J 的紧前工作有 G、F 和 H，$ES_J = \max\{EF_F, EF_G, EF_H\} = \max\{21, 23, 11\} = 23$，$EF_J = 23 + 3 = 26$。

工作 K 的紧前工作有工作 I 和 J，$ES_K = \max\{EF_I, EF_J\} = \max\{24, 26\} = 26$，$EF_K = 26 + 2 = 28$。

由于工作 K 为最后一项工作，则 EF_K 即为该工程项目的计算工期，即 $T_C = 28$。

步骤二：计算工作的最迟必须开始时间与最迟必须完成时间（简称迟时间）。

① 迟时间的计算顺序从右向左，即从网络计划的终点节点向起始节点进行计算。

② 如果没有特殊说明，以终点节点为结束节点的工作的最迟必须完成时间为计划工期 T_P，如果没有特殊说明，取计划工期 T_P 等于计算工期 T_C。

③ 其他各项工作的最迟必须完成时间取紧后工作的最迟必须开始时间的最小值。

如图 3-19 所示，工作 K 的最迟必须完成时间 $LF_K = T_C = 28$，$LS_K = 28 - 2 = 26$。这里请注意：如果有计划工期要求，应取 $LF_K = T_P$。

工作 I、J 的紧后工作只有一项工作 K，则取 $LF_I = LF_J = LS_K = 26$，$LS_I = 26 - 3 = 23$，$LS_J = 26 - 3 = 23$。

工作 E 的紧后工作只有一项工作 I，则取 $LF_E = LS_I = 23$，$LS_E = 23 - 4 = 19$。

工作 F 的紧后工作有工作 I、J 两项工作，则 $LF_F = \min\{LS_I, LS_J\} = \min\{23, 23\} = 23$，$LS_F = 23 - 6 = 17$。

工作 G、H 的紧后工作只有一项工作 J，则取 $LF_G = LF_H = LS_J = 23$，$LS_G = 23 - 8 = 15$，$LS_H = 23 - 4 = 19$。

工作 B 的紧后工作有工作 E、F 两项工作，则 $LF_B = \min\{LS_E, LS_F\} = \min\{19, 17\} = 17$，$LS_B = 17 - 4 = 13$。

工作 C 的紧后工作有工作 F、G 两项工作，则 $LF_C = \min\{LS_F, LS_G\} = \min\{17, 15\} = 15$，$LS_C = 15 - 10 = 5$。

工作 D 的紧后工作有工作 G、H 两项工作，则 $LF_D = \min\{LS_G, LS_H\} = \min\{15, 19\} = 15$，$LS_D = 15 - 2 = 8$。

工作 A 的紧后工作有 B、C、D 三项工作，则 $LF_A = \min\{LS_B, LS_C, LS_D\} = \min\{13, 5, 13\} = 5$，$LS_A = 5 - 5 = 0$。

步骤三：计算各项工作的总时差。

根据工作总时差的概念可知，当某项工作的最早可能开始时间与最早可能完成时间向后移动时，如果移动的时间超过该项工作的总时差，则该网络计划的工期就会受到影响。

从工作迟时间的计算中可以看出，各项工作的最迟必须开始与完成时间都是根据工期一步一步反推出来的，因此每项工作的迟时间与早时间之差，即为该工作的总时差。

根据表 3-7 中总时差的计算公式，图 3-19 中各项工作的总时差为：$TF_A = 0$，$TF_B = 8$，$TF_C = 0$，$TF_D = 8$，$TF_E = 10$，$TF_F = 2$，$TF_G = 0$，$TF_H = 12$，$TF_I = 2$，$TF_J = 0$，$TF_K = 0$。

上述各项工作的总时差中，A、C、G、J、K 都为 0，是该网络计划的关键工作，$1 \rightarrow 2 \rightarrow 5 \rightarrow 7 \rightarrow 10 \rightarrow 11 \rightarrow 12$ 为关键线路，用粗箭线或双箭线表示。

当网络计划的计划工期等于计算工期时，总时差为 0 的工作为关键工作；当网络计划的计划工期不等于计算工期时，总时差等于计划工期与计算工期之差的工作为关键工作。计划工期与计算工期之差大于 0，关键工作的总时差大于 0；计划工期与计算工期之差小于 0，关键工作的总时差小于 0。网络计划中总时差最小的工作为关键工作。

步骤四：计算各项工作的自由时差。

工作的自由时差即为紧后工作的最早可能开始时间的最小值减去本工作的最早可能完成时间。图 3-19 中各项工作的自由时差为：$FF_A = \min\{ES_B, ES_C, ES_D\} - EF_A = \min\{5, 5, 5\} - 5 = 0, FF_B = \min\{ES_E, ES_F\} - EF_B = \min\{9, 15\} - 9 = 0, FF_C = 0, FF_D = 0, FF_E = 8, FF_F = 0, FF_G = 0, FF_H = 12, FF_I = 2, FF_J = 0, FF_K = T_P - EF_K = 28 - 28 = 0$。

3.3　双代号时标网络计划

3.3.1　基本概念

时标网络计划是以时间坐标为尺度编制的网络计划。时标网络计划绘制在时标计划表上。时标的时间单位应根据需要，在编制网络计划之前确定，可以是小时、天、周、月或季度等。时间可标注在计划表顶部，也可以标注在底部，必要时还可以在顶部及底部同时标注。对于实际工程计划，应加注日历对应的时间。时标计划表中的刻度线宜采用细线。

在时标网络计划中，以实箭线表示工作，以虚箭线表示虚工作，以波形线表示工作的自由时差。

时标网络计划中所有符号在时间坐标上的水平投影位置，都必须与其时间参数相对应。节点中心必须对准相应的时标位置。在时间坐标网络计划中，工作箭线的长短反映其持续时间的长短。

时标网络计划既有网络计划的优点，又有横道图一目了然、直观易懂的优点，它将网络计划的时间参数直观地表达出来。

由于时标网络计划的上述优点，故时标网络计划使用方便，容易被接受。

3.3.2　双代号时标网络计划的绘图方法

时标网络计划有两种绘图方法：先算后绘（间接绘制法）、直接绘制法。下面以先算后绘方法介绍时标网络计划的绘制步骤。

时标网络计划一般作为网络计划的输出计划，可以根据时间参数的计算结果将网络计划在时间坐标中表达出来，根据时间参数的不同，分为早时标网络图、迟时标网络图。现以图 3-19 为例介绍其绘图步骤。

（1）早时标网络计划绘制

具体步骤如下：

1）先绘制出无时标网络图，采用图上计算法计算每项工作或节点的时间参数及计算工期，找出关键工作及关键线路，如图 3-19 所示。

2）按计算工期的要求绘制时标网络计划。

3）基本按原计划的布局将关键线路上的节点及关键工作标注在时标网络计划上，如

图 3-20 所示。

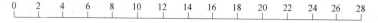

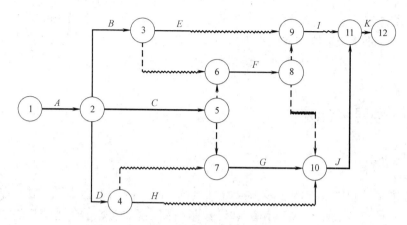

图 3-20 双代号早时标网络计划

4）将其他节点按节点的最早可能开始时间定位在时标网络计划上。

5）从开始节点，用实箭线并按持续时间要求绘制各项非关键工作，用虚箭线绘制无时差的虚工作（垂直工作）。如果实箭线或垂直的虚箭线不能将非关键工作或虚工作的开始节点与结束节点衔接起来，对非关键工作用波形线在实箭线后进行衔接，对虚工作用波形线在垂直虚箭线后或两垂直虚箭线之间进行衔接。非关键工作的波形线的长短即其自由时差。

（2）迟时标网络计划绘制

具体步骤如下：

1）先绘制出无时标网络图，采用图上计算法计算每项工作或节点的时间参数及计算工期，找出关键工作及关键线路，如图 3-19 所示。

2）按计算工期的要求绘制时标网络计划。

3）基本按原计划的布局将关键线路上的节点及关键工作标注在时标网络计划上，如图 3-21 所示。

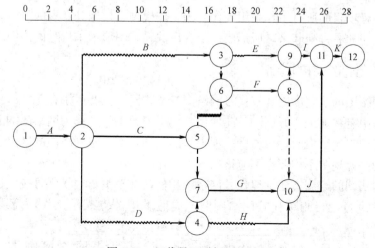

图 3-21 双代号迟时标网络计划

4）将其他节点按节点的最迟必须开始时间定位在时标网络计划上。

5）从结束节点，用实箭线并按持续时间要求向前逆推绘制各项非关键工作，用虚箭线绘制无时差的虚工作（垂直工作）。如果实箭线或垂直的虚箭线不能将非关键工作或虚工作的开始节点与结束节点衔接起来，对非关键工作用波形线在实箭线前进行衔接，对虚工作用波形线在垂直虚箭线前或两垂直虚箭线之间进行衔接。非关键工作的波形线的长短不反映工作的自由时差，与本工作及线路段的总时差相关。

3.4 单代号网络计划

3.4.1 基本概念

单代号网络计划中工作的表示方式如图 3-22 所示。单代号网络图中，宜用圆圈或矩形作为一个节点，表示一项工作。单代号网络图中箭线只表示紧邻工作之间的逻辑关系。箭线可绘制成水平直线、折线或斜线，箭线的方向应自左向右，表示工作的进行方向。单代号网络图中节点所表示的工作名称、持续时间和工作代号等应标注在节点内。单代号网络图的节点必须编号。编号一般用数字注在节点内，其号码可间断，但严禁重复。箭线的箭尾节点编号应小于箭头节点编号。一项工作必须有唯一的一个节点及相应的一个编号。

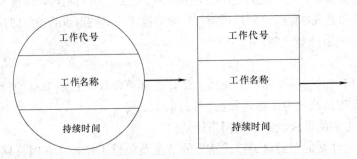

图 3-22 单代号工作模型

将一个工程项目的所有工作采用单代号的工作模型，根据其开展的先后顺序并考虑其制约关系，从左向右排列起来，所形成一个有序的网状图形为单代号网络图。

3.4.2 单代号网络图的绘制

单代号网络图的绘制准则和双代号网络图基本相同，主要区别在于：

当网络图中有多项工作开始时，应增设一项虚拟的工作，作为网络图的起点节点；当网络图中有多项工作结束时，应增设一项虚拟的工作，作为该网络图的终点节点。除此之外，单代号网络计划中不需要也不应该出现虚工作。

单代号网络图的绘制方法和双代号网络图相似，甚至更为容易。可按上述双代号网络图的绘制方法进行。绘制单代号网络图时，应熟悉用节点表示工作，箭线只表示逻辑关系。

根据表 3-5 所示某工程项目的活动逻辑关系，绘制单代号网络计划如图 3-23 所示。

3.4.3 单代号网络计划时间参数的计算

单代号网络图的各个时间参数的意义及其计算公式、方法与双代号网络图基本相同。

单代号网络图图上计算示例如图 3-23 所示。计算结果与计算步骤与双代号网络图方法基本相同。

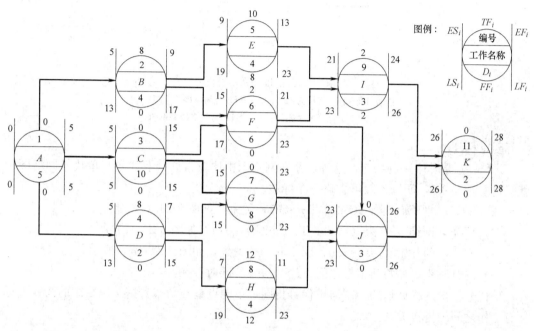

图 3-23 单代号网络计划时间参数图上计算法

3.5 单代号搭接网络计划

3.5.1 基本概念

在前面所述的双代号、单代号网络图中，工作之间的逻辑关系都是紧前、紧后关系，即前面的工作完成后，后面工作才能开始。但实际工程中有许多工作之间存在着搭接关系，或紧前与紧后工作之间存在时间间隔。如在管道工程中，"挖沟、铺管、焊接和回填"各项工作之间往往搭接进行，难以用前述的网络计划形式明确表达。

单代号搭接网络图能够简单、直接地表达工作之间的各种搭接关系，它在单代号网络图的箭线上增加"时距"标注。所谓"时距"，是指在搭接网络图中相邻两项工作之间的时间差值。

3.5.2 搭接关系

单代号搭接网络图的搭接关系主要有以下五种形式：

（1）*FTS*，即结束-开始（Finish To Start）关系，如图 3-24（*a*）所示。时间值可按

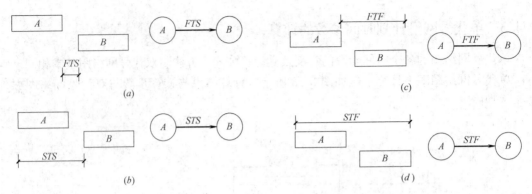

图 3-24   搭接关系示意图

(a) FTS 时间搭接关系图；(b) STS 时间搭接关系图；

(c) FTF 时间搭接关系图；(d) STF 时间搭接关系图

实际要求标注。

$FTS=0$ 是其中一种特例。这种关系在网络图中比较常见（双代号与单代号网络图中就只这一种关系），所以一般可省略不予标注。

（2）STS，即开始-开始（Start To Start）关系，如图 3-24 （b）所示。

（3）FTF，即结束-结束（Finish To Finish）关系，如图 3-24 （c）所示。

（4）STF，即开始-结束（Start To Finish）关系，如图 3-24 （d）所示。

（5）混合时距，如两项工作之间 STS 与 FTF 同时存在。

单代号搭接网络计划的绘制与单代号相同，不同点是在单代号搭接网络图的箭线上标注有工作之间的搭接关系。

3.5.3   单代号搭接网络计划的计算

单代号搭接网络计划的计算步骤同样分为三步：最早时间的计算、最迟时间的计算和时差的计算。单代号搭接网络图最早时间的计算与双代号网络图有所区别，最迟时间和时差的计算与双代号网络图基本相同。

1. 计算工作的最早开始时间（ES）和最早完成时间（EF）

（1）起点节点

由于起点节点为虚拟工作，持续时间为零，故其最早开始时间和最早完成时间均为零。即：$ES_s = EF_s = 0$。

（2）与虚拟起点节点相连的工作

凡是与虚拟起点节点相连的工作，其最早开始时间为零，最早完成时间应等于其最早开始时间与持续时间之和。

当计算得到某项工作的最早开始时间出现负值时，显然是不合理的。为此，应将该工作与虚拟起点相连，并且令该工作的最早开始时间为零，重新计算。

（3）其他工作

其他工作的最终开始时间和最早完成时间应根据时距按下列公式计算：

1）时距为 FTS 时： $ES_j = EF_i + FTS_{i,j}$ (3-3)

2）时距为 STS 时： $ES_j = ES_i + STS_{i,j}$ (3-4)

3）时距为 FTF 时： $\qquad EF_j = EF_i + FTF_{i,j}$ （3-5）

4）时距为 STF 时： $\qquad EF_j = ES_i + STF_{i,j}$ （3-6）

5）当有两种以上的时距（或者有两项或两项以上紧前工作）限制工作间的逻辑关系时，应按不同情况分别计算其最早时间，取其最大值。

6）按以上公式计算出 ES_j 或 EF_j 后，通过加减工作持续时间 D_i，即可计算出相应的 EF_j 或 ES_j。

（4）说明

1）以上计算规则可以概括为"顺线累加，逢多取大"。即计算应从起点节点开始，顺着箭头方向依次进行；按照搭接关系的要求进行计算，在有多个紧前工作或有多种搭接关系时应取最大值。

2）当计算得到某项工作的最早开始时间出现负值时，应将该工作与虚拟起点相连，并且令该工作的最早开始时间为零，重新计算。

3）决定计算工期的不一定是最后进行的工作。如果中间工作的最早完成时间大于最后工作的最早完成时间，则应将该工作与虚拟终点节点连接，使其成为最后工作，进而找到真正的工期。

2. 计算示例

单代号搭接网络计划时间参数计算示例如图 3-25 所示。

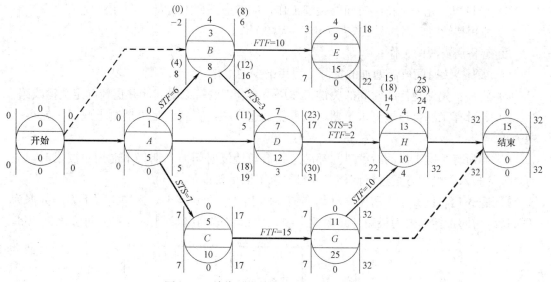

图 3-25 单代号搭接网络计划时间参数计算

3.6 网络计划的优化

网络计划的优化是指通过不断改善网络计划的初始方案，在满足既定约束条件下，利用最优化原理，按照某一衡量指标（时间、成本、资源等）来寻求满意方案。网络计划表示的逻辑关系通常有两种：一是工艺关系，由工艺技术要求的工作先后顺序关系；二是组织关系，施工组织时按需要进行的工作先后顺序安排。通常情况下，网络计划优化时，只能调整工作间的组织关系。

网络计划的优化目标按计划任务的需要和条件可分为三方面：工期目标、费用目标和资源目标。根据优化目标的不同，网络计划的优化相应分为工期优化、费用优化和资源优化三种。

3.6.1　工期优化

（1）工期优化的概念

工期优化也称时间优化，其目的是当网络计划计算工期不能满足要求工期时，通过不断压缩关键线路上的关键工作的持续时间等措施，达到缩短工期、满足要求的目的。

网络计划工期优化的基本方法是在不改变网络计划中各项工作之间逻辑关系的前提下，通过压缩关键工作的持续时间来达到优化目标。在工期优化过程中，按经济合理的原则，不能将关键工作压缩成非关键工作。此外，当工期优化过程中出现多条关键线路时，必须同时对各关键线路上有关关键工作的持续时间压缩相同数值，否则，不能有效地缩短工期。

（2）工期优化的步骤

工期优化可按下述步骤进行：

1）找出网络计划的关键线路并计算出工期。

2）按要求工期计算应缩短的时间。

3）选择应优先缩短持续时间的关键工作，应考虑下列因素：

① 缩短持续时间对质量和安全影响不大的工作；

② 有备用资源的工作；

③ 缩短持续时间所需增加的资源、费用最少的工作。

4）将应优先缩短持续时间的关键工作压缩至合理的持续时间，并重新确定关键线路。

5）若计算工期仍超过要求工期，则重复上述步骤，直到满足工期要求或已不能再缩短为止。

6）当所有关键工作的持续时间都已达到最短持续时间而工期仍不能满足要求时，应对计划的技术、组织方案进行调整，或对要求工期重新审定。

【例题 3-1】　已知某工程网络计划如图 3-26 所示（单位：d），图中箭线下方的数据为正常持续时间，括号内为最短持续时间。要求将试将该网络计划的实施工期优化至 40d，

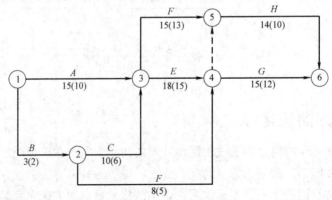

图 3-26　某工程网络计划

工作优先压缩顺序为 G、B、C、H、E、D、A、F。

【解】 （1）根据工作正常持续时间计算网络计划时间参数，并找出关键工作和关键线路，关键工作为 A、E、G，如图 3-27 所示。

（2）确定该网络计划的计算工期为 48d，要求工期为 40d，所以需压缩 8d。

（3）将 G 工作的持续时间压缩 1d，重新计算网络计划时间参数，此时 H 也变成了关键工作，计算工期变为 47d，如图 3-28 所示。

（4）将 G、H 工作的持续时间同时压缩 2d，计算工期变为 45d，关键线路不变，如图 3-29 所示。

（5）根据工作压缩顺序，先将 E 工作压缩 3d，计算工期变为 42d，此时 F 工作也成为关键工作，如图 3-30 所示。

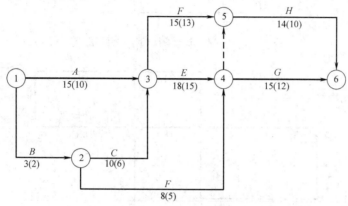

图 3-27 初始关键线路

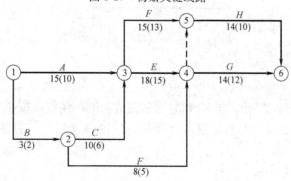

图 3-28 第一次压缩后的网络计划

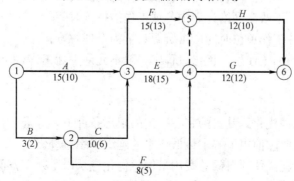

图 3-29 第二次压缩后的网络计划

（6）将 A 工作压缩 2d，计算工期变为 40d，此时满足工期要求，工期优化完毕，同时工作 B、C 也成为关键工作，如图 3-31 所示。

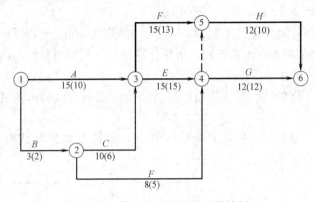

图 3-30　第三次压缩后的网络计划

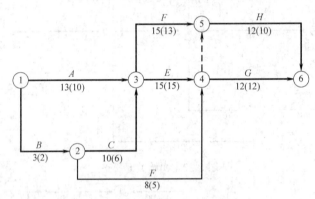

图 3-31　第四次压缩后的网络计划

3.6.2　资源优化

资源优化是指通过改变工作的开始时间和完成时间，使资源按照时间的分布符合优化目标。通常分两种模式："资源有限、工期最短"的优化，"工期固定、资源均衡"的优化。

资源优化的前提条件是：

1）优化过程中，不改变网络计划中各项工作之间的逻辑关系；

2）优化过程中，不改变网络计划中各项工作的持续时间；

3）网络计划中各工作单位时间所需资源数量为合理常量；

4）除明确可中断的工作外，优化过程中一般不允许中断工作，应保持其连续性。

3.6.3　费用优化

费用优化也称成本优化，其目的是在一定的限定条件下，寻求工程总成本最低时的工期安排，或满足工期要求前提下寻求最低成本的施工组织过程。

费用优化的目的就是使项目的总费用最低，优化应从以下几个方面进行考虑：

① 在既定工期的前提下，确定项目的最低费用；

② 在既定的最低费用限额下完成项目计划，确定最佳工期；

③ 若需要缩短工期，则考虑如何使增加的费用最小；

④ 若新增一定数量的费用，则可给工期缩短到多少。

【例题 3-2】 某单项工程，按照如图 3-32 所示的网络计划组织施工。原计划工期是170d，在第 75d 进行进度检查时发现：工作 A 已全部完成，工作 B 刚刚开工。由于工作 B 是关键工作，所以它拖后 15d 将导致总工期延长 15d 完成。本工程各工作相关参数如表3-8 所示。

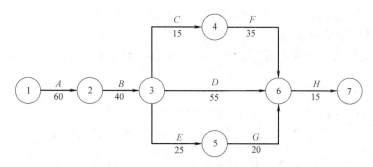

图 3-32 进度计划网络图

工作相关参数 表 3-8

序号	工作	最大可压缩时间(d)	赶工费用(元/d)
1	A	10	200
2	B	5	200
3	C	3	100
4	D	10	300
5	E	5	200
6	F	10	150
7	G	10	120
8	H	5	420

问题：(1) 为使本单项工程仍按原工期完成，必须调整原计划，问应如何调整原计划，才能既经济又保证整修工作在计划的 170d 内完成，列出详细调整过程。

(2) 试计算经调整后，所需投入的赶工费用。

(3) 重新绘制调整后的进度计划网络图，并列出关键线路(以工作表示)。

【解】 (1) 目前总工期拖后 15d，此时的关键线路：B→D→H。

1) 其中工作 B 赶工费率最低，故先对工作 B 持续时间进行压缩：工作 B 压缩 5d。因此增加费用为：$5 \times 200 = 1000$ 元；总工期为：$185 - 5 = 180d$；关键线路为：B→D→H。

2) 剩余关键工作中，工作 D 赶工费率最低，故应对工作 D 持续时间进行压缩。工作 D 压缩的同时，应考虑与之平等的各线路，以各线路工作正常进展均不影响总工期为限，因此工作 D 只能压缩 5d。因此增加费用为：$5 \times 300 = 1500$ 元；总工期为：$180 - 5 = 175d$；关键线路为：B→D→H 和 B→C→F→H 两条。

3) 剩余关键工作中，存在三种压缩方式：①同时压缩工作 C、D；②同时压缩工作

F、D；③压缩工作 H。同时压缩工作 C、D 的赶工费率最低，故应对工作 C、D 同时进行压缩。

工作 C 最大可压缩天数为 3d，故本次调整只能压缩 3d，因此增加的费用为：$3 \times 100 + 3 \times 300 = 1200$ 元；总工期为：$175 - 3 = 172$d；关键线路为：$B \rightarrow D \rightarrow H$ 和 $B \rightarrow C \rightarrow F \rightarrow H$ 两条。

4）剩余关键工作中，压缩工作 H 的赶工费率最低，故应对工作 H 进行压缩。工作 H 压缩 2d，因此增加费用为：$2 \times 420 = 840$ 元；总工期为：$172 - 2 = 170$d。

5）通过以上工期调整，工作仍能按原计划工期 170d 完成。

（2）所需投入的赶工费为：$1000 + 1500 + 1200 + 840 = 4540$ 元。

（3）调整后的进度计划网络图如图 3-33 所示，其关键线路为：$A \rightarrow B \rightarrow D \rightarrow H$ 和 $A \rightarrow B \rightarrow C \rightarrow F \rightarrow H$。

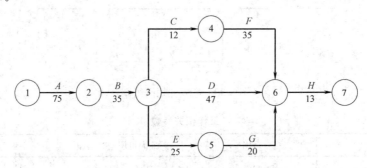

图 3-33　调整后的进度计划网络图

3.7　网络计划的检查调整

网络计划的检查调整实际上就是网络计划的控制。网络计划的控制是一个发现问题、分析问题和解决问题的连续的系统过程。网络计划的控制主要包括两方面的内容：

（1）检查网络计划的实施情况，找出偏离计划的偏差，发现影响计划实施的干扰因素及计划制定本身存在的不足。

（2）确定调整措施，采取纠偏行动，确保施工组织与管理过程正常运行，顺利完成事先确定的各项计划目标。

其中网络计划实施情况的检查是网络计划控制的主要环节。常用的检查方法有：前锋线比较法、S形曲线比较法、香蕉形曲线比较法以及列表比较法等。

3.7.1　前锋线比较法

前锋线比较法是根据进度检查日期各项工作实际达到的位置所绘制出的进度前锋线，与检查日期线进行对比，确定实际进度与计划进度偏差的一种方法。主要适用于时标网络计划，且各项工作是匀速进展的情况。

进度前锋线的绘制方法是在原时标网络计划中，从检查日期位置用点画线依次连接在检查日期各项工作实际到的位置，形成一条折线，如图 3-34 所示。

由图 3-34，我们可知在第 5d 对网络计划的实施情况进行检查，检查情况如下：

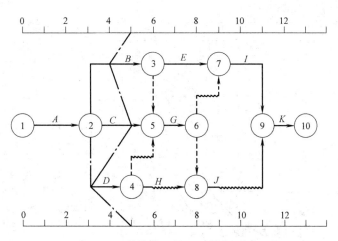

图 3-34 前锋线比较法（单位：周）

① 工作 B 实际进度拖后 1 周；

② 工作 C 按计划进行；

③ 工作 D 实际进度拖后 2 周。

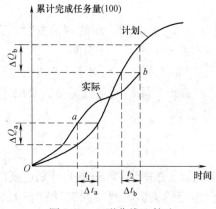

图 3-35 S 形曲线比较法

3.7.2 S 形曲线比较法

S 形曲线是一个以横坐标表示时间、纵坐标表示任务量完成情况的曲线图。将计划完成和实际完成的累计工作量分别制成 S 形曲线，任意检查日期对应的实际 S 形曲线上的一点，若位于计划 S 形曲线左侧表示实际进度比计划进度超前；位于右侧，则表示实际进度比计划进度滞后。

如图 3-35 所示，通过图中实际进度 S 形曲线和计划进度 S 形曲线，可以得到如下信息：

1）实际进度 S 形曲线上的 a 点落在计划进度 S 形曲线的左侧，表示实际进度比计划进度超前；实际进度 S 形曲线上的 b 点落在计划进度 S 形曲线的右侧，表示实际进度比计划进度落后。

2）Δt_a 表示 t_1 时刻实际进度超前的时间；Δt_b 表示 t_2 时刻实际进度拖后的时间。

3）ΔQ_a 表示 t_1 时刻超额完成的工作量；ΔQ_b 表示 t_2 时刻拖欠的任务量。

3.7.3 香蕉形曲线比较法

香蕉形曲线是由具有同一开始时间和结束时间的 ES 曲线（最早开始时间）和 LS 曲线（最迟开始时间）两条 S 形曲线组成，如图 3-36 所示。

显然，任一时段按实际进度描出的点均落在香蕉形曲线区域内，表明实际工程进度被控制于最早开始时间和最迟开始时间界定的范围之内。

通过图 3-36，我们可以得到如下信息：

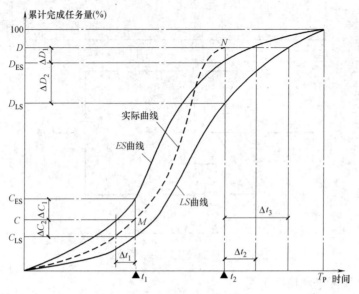

图 3-36　香蕉形曲线比较法

（1）t_1 时刻检查时，M 点落在香蕉形曲线的区域内；t_2 时刻检查时，N 点落在香蕉形曲线的区域外。

（2）t_1 时刻检查时，实际进度相对于 ES 曲线拖后了 Δt_1 的时间；t_2 时刻检查时，实际进度相对于 ES 曲线提前了 Δt_2 的时间，相对于 LS 曲线提前了 Δt_3 的时间。

（3）t_1 时刻检查时，相对于 ES 曲线实际拖欠了 ΔC_1 的工作量，相对于 LS 曲线实际超额完成了 ΔC_2 的工作量；t_2 时刻检查时，相对于 ES 曲线实际超额完成了 ΔQ_1 的工作量，相对于 LS 曲线实际超额完成了 $\Delta Q_1 + \Delta Q_2$ 的工作量。

3.7.4　列表比较法

当采用非时间坐标网络图计划时，也可以采用列表比较法进行实际进度与计划进度的比较。该方法是记录检查时正在进行的工作名称和已进行的天数，然后列表计算有关参数，根据原有总时差和尚有总时差判断实际进度与计划进度的比较方法。

列表比较法应按如下步骤进行：

（1）计算检查时正在进行的工作 i-j 尚需作业时间 $T_{i\text{-}j}^2$

$$T_{i\text{-}j}^2 = D_{i\text{-}j} - T_{i\text{-}j}^1 \tag{3-7}$$

式中　$D_{i\text{-}j}$——工作 i-j 的计划持续时间；

$\qquad T_{i\text{-}j}^1$——工作 i-j 检查时已进行的时间。

（2）计算工作 i-j 检查时至最迟完成时间的尚余时间 $T_{i\text{-}j}^3$

$$T_{i\text{-}j}^3 = LF_{i\text{-}j} - T_2 \tag{3-8}$$

式中　$LF_{i\text{-}j}$——工作 i-j 的最迟完成时间；

$\qquad T_2$——检查时间。

（3）计算工作 i-j 尚有总时差 $TF_{i\text{-}j}^1$

其数值上等于工作从检查日期到原计划最迟完成时间的尚余时间与该工作尚需作业时间之差：

$$TF^1_{r\cdot j} = T^3_{r\cdot j} - T^2_{r\cdot j} \qquad (3\text{-}9)$$

（4）比较实际进度与计划进度

比较的结果可能出现以下几种情况：

1）如果工作尚有总时差与原有总时差相等，说明该工作实际进度与计划进度一致；

2）如果工作尚有总时差大于原有总时差，说明该工作实际进度超前，超前的时间为两者之差；

3）如果工作尚有总时差小于原有总时差，且仍为正值，说明该工作实际进度拖后，拖后的时间为两者之差，但不影响总工期；

4）如果工作尚有总时差小于原有总时差，且为负值，说明该工作实际进度拖后，拖后的时间为两者之差，此时工作实际进度偏差将影响总工期。

用列表比较法对图 3-34 进行实际进度与计划进度的比较，如表 3-9 所示。

列表比较法　　　　　　　　　　　　　　　　表 3-9

工作代号	工作名称	检查计划时尚需作业天数 $T^2_{r\cdot j}$	到计划最迟完成时尚余天数 $T^3_{r\cdot j}$	原有总时差 $TF_{r\cdot j}$	尚有总时差 $TF^1_{r\cdot j}$	情况判断
2-3	B	2	1	0	−1	拖延工期 1d
2-5	C	1	2	1	1	正常
2-4	D	2	2	2	0	正常

本章小结

网络计划技术能够反映项目中各项工作之间的关系，能够计算各项工作的时间参数，判别关键线路和关键工作，能反映机动时间。通过本章学习，应掌握双代号网络图、单代号网络图、双代号时标网络图的绘制方法和时间参数的计算方法，了解单代号搭接网络图的概念和搭接关系，熟悉网络计划优化的内容及工期优化的原理和方法，熟悉网络计划检查调整的方法，从而提高项目管理的效率和效果。

思考与练习题

3-1　什么是网络计划、网络图？网络计划如何分类？

3-2　双代号网络图有哪些构成要素？工作有哪些类型？

3-3　什么是开始节点、结束节点、起点节点、终点节点？

3-4　什么是关键线路？

3-5　简述双代号网络计划各种时间参数的基本含义。

3-6　简述计算工期、计划工期、要求工期三者之间的关系。

3-7　单代号搭接网络图的搭接关系有哪几种？

3-8　网络计划表示的逻辑关系通常有哪几种？

3-9　根据优化目标的不同，网络计划的优化分为哪几种？试描述工期优化、费用优化及资源优化的基本原理与方法。

3-10　网络计划执行情况检查的方法包括哪些？

3-11　已知网络计划的资料如表 3-10 所示，试绘制双代号网络图。

某网络计划工作逻辑关系及持续时间表　　　　　表 3-10

工作	紧前工作	紧后工作	持续时间（d）
A_1	—	A_2、B_1	2
A_2	A_1	A_3、B_2	2
A_3	A_2	B_3	2
B_1	A_1	B_2、C_1	3
B_2	A_2、B_1	B_3、C_2	3
B_3	A_3、B_2	D、C_3	3
C_1	B_1	C_2	2
C_2	B_2、C_1	C_3	4
C_3	B_3、C_2	E、F	2
D	B_3	G	2
E	C_3	G	1
F	C_3	I	2
G	D、E	H、I	4
H	G	—	3
I	F、G	—	3

3-12　若计划工期等于计算工期，试计算题 3-11 绘制的双代号网络图中各项工作的六个时间参数，确定关键线路（用节点表示）。

3-13　请将题 3-11 绘制的双代号网络图转换为双代号时标网络图。

3-14　根据表 3-10 中某网络计划各工作之间的逻辑关系及持续时间绘制单代号网络图。

3-15　已知网络计划如图 3-37 所示，图中箭线下方的数据为正常持续时间，括号内为最短持续时间，要求工期为 20d。综合考虑各种情况，选择压缩工作的顺序为 B、C、D、E、F、G、A。试对该网络计划进行优化。

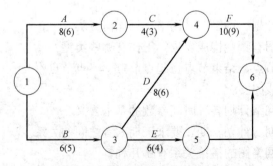

图 3-37　优化前的网络计划图

第4章 单位工程施工组织设计

本章要点及学习目标

本章要点：
(1) 施工组织设计的编制内容和编制程序；
(2) 工程概况和施工部署的内容；
(3) 施工方案的编制内容和要求；
(4) 单位工程施工进度计划的编制步骤和方法；
(5) 单位工程施工平面图的设计内容、原则和步骤。

学习目标：
(1) 了解施工组织设计的编制内容和编制程序；
(2) 熟悉工程概况的编制内容，掌握施工部署的内容；
(3) 掌握主要分部分项工程的施工方法和施工机械的选择方法；
(4) 掌握施工进度计划的编制步骤和方法；
(5) 熟悉单位工程施工平面图的设计内容和原则，掌握其编制步骤。

单位工程施工组织设计是指以单位（子单位）工程为主要对象编制的施工组织设计，对单位（子单位）工程的施工过程起指导和制约作用。它是施工组织总设计的进一步细化，是沟通设计与施工的桥梁。

4.1 单位工程施工组织设计的内容

1. 编制依据

在编制单位工程施工组织设计过程中使用或参考的文件、资料、图纸等均可作为编制依据。如：招标文件；施工承包合同；设计图纸；相关的法律、规范、规程、标准和图集；施工组织总设计；企业技术标准；类似工程的施工组织设计等。

2. 工程概况

拟建工程的概况；工程建设地点特征；各专业的主要设计简介；施工条件及工程特点；简要而又突出的工程重点和难点分析等。工程概况可以采用文字和图表的形式编写，需要达到以下效果：①表明施工单位对本工程的特点，尤其是重点和难点把握清楚，从而有针对性地制定施工解决方案；②便于监理单位、业主单位和政府监督部门的相关人员能快速了解工程的特点，从而能更好地审查或贯彻编制者对工程施工的基本意图。

3. 施工部署

单位工程的施工部署是对整个单位工程的施工进行总体安排,其目的是通过合理部署顺利实现各项施工管理目标。主要包括:确定施工管理目标,确定施工部署原则,确定总体施工顺序,确定组织机构和岗位职责,明确各参建单位之间协调配合的范围和方式。

4. 施工准备

单位工程的施工准备重点是技术准备和现场准备两方面内容。

5. 施工方案

主要包括划分施工区域和流水段,选择主要分部分项工程的施工方法和施工机械。

6. 施工进度计划

单位工程的施工进度计划应按施工组织总设计中的总体进度计划编制。简单的项目可采用横道图表达,复杂工程需采用网络图表达。

7. 施工平面布置

主要包括已建和拟建的建筑总平面图,确定起重机械的位置,布置施工道路,布置生产临时设施和材料、构配件的堆场,布置生活临时设施,布置临时水电管线等。

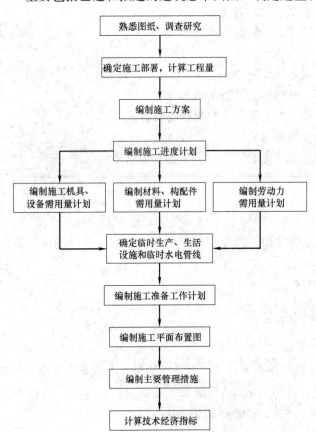

图 4-1   单位工程施工组织设计编制程序

8. 主要管理措施和技术经济指标

主要管理措施指保证质量、工期、成本及安全目标的措施,保护环境、文明施工及分包管理的措施。技术经济指标主要有施工工期、劳动生产率、工程质量等级、降低成本、安全指标等。

单位工程的施工组织设计中,施工部署、施工方案、施工进度计划和施工平面布置是施工组织设计中的最主要内容,应重点研究制定。

4.2   单位工程施工组织设计的编制程序

单位工程的施工组织设计的编制程序如图 4-1 所示。

4.3   施工部署

施工部署是单位工程施工组织设计的纲领性内容,从总体上对整个单位工程涉及的工作任务、人力、资源、工艺、时间、空间进行全面安排和统筹规划。主要包括：确定施工管理目标，确定总体施工顺序，确定项目部组织机构，明确各参建单位之间协调配合的范围和方式。

4.3.1 确定施工管理目标

根据施工合同的约定和政府行政主管部门的要求，制定工期、质量、安全目标和文明施工、消防、环境保护等方面的管理目标。

工期目标应以施工合同或施工组织总设计要求为依据制定，并确定各主要施工阶段（如各分部工程完成节点）的工期控制目标。

质量目标应按合同约定要求为依据，制定出总目标和分解目标。质量总目标通常有：确保市优、省优，争创国优（如：鲁班奖、国家优质工程金质奖和银质奖）；分解目标指各分部分项工程拟达到的质量等级（优良、合格）。

安全目标应按政府主管部门和企业要求以及合同约定，制定出事故等级、伤亡率、事故频率的限制目标。

环境保护属于安全文明施工的一部分，主要从施工场地的平面优化、施工现场的噪声控制、大气环境（主要是施工粉尘）控制、现场临时生产和生活废水的处理、施工垃圾的堆放和处理等方面制定环境保护的目标。

【例题 4-1】 某学校教学楼工程施工管理目标。

1. 工期目标

根据招标文件与我公司制定的网络计划，总进度计划控制在 240 日历天内，并且在 2016 年 4 月底完成地下室顶板施工，6 月底前完成主体结构封顶，9 月底前竣工。

2. 质量目标

本工程质量目标为市级"优质工程"。①分项工程质量全部合格，观感质量评定得分率达到 95% 以上；②工程质量符合国家现行验收规范的要求；③单位工程一次交验合格率；④工程质量事故实现零目标。

3. 安全目标

确保无重大工伤事故，杜绝死亡事故，轻伤频率控制在 1.5‰ 以内。

4. 安全文明施工目标

施工现场内外整洁，道路通畅，无污染源，物料堆放有序，施工人员衣容整洁，讲文明、讲正气。本工程确保市文明工地，争创省标准化工地。

4.3.2 确定施工程序

1. 一般建筑工程

一般建筑工程施工时应遵循"先准备后开工"、"先地下后地上"、"先土建后设备"、"先主体后围护"、"先结构后装饰"的程序，最后安排竣工收尾工作。

（1）先准备后开工：正式开始施工前，应先做好各项准备工作，以保证开工后施工的顺利进行。

（2）先地下后地上：先完成管道（线）设施、土方工程、基础工程，然后开始地上工程部分的施工。地下工程一般按照先深后浅的程序作业，管道（线）施工按照先场外后场内、先主干后分支的程序作业。

（3）先土建后设备：一般来说，土建施工应先于水暖煤电卫等建筑设备的施工。施工中，土建和设备通常是穿插配合的关系。

（4）先主体后围护：主要是框架、排架、框剪结构的房屋，其围护结构施工一般应滞后于主体结构的施工。一般来说，多层建筑主体结构和围护结构的施工应少搭接，而高层建筑施工则应该尽量搭接施工，以保证工期。

（5）先结构后装饰：一般情况下，房屋的装饰装修工程应在结构全部完成或部分完成后进行。多层建筑，结构与装饰以不搭接为宜，而高层建筑应尽量搭接以保证工期。

2. 工业厂房

工业厂房的施工程序，应根据厂房的类型及生产设备的性质、体量、安装方法和要求等因素合理安排土建和设备安装的施工程序。一般有三种施工程序："先土建后设备"、"先设备后土建"、"土建与设备安装平行施工"。

（1）先土建后设备：一般厂房当土建主体安装完成后进行设备安装。有精密设备的工业厂房，应在土建和装饰完成后进行设备安装，以保护精密设备。这种施工程序又称为"封闭式施工"，其优点在于土建施工方便。

（2）先设备后土建：对某些重型工业厂房，如冶金、发电厂房等，一般先安装生产设备，然后再建造厂房。由于设备需露天安装，因此这种施工程序又称为"敞开式施工"。

（3）土建和设备安装平行施工：当土建施工为设备安装创造了条件，同时又可以控制设备的污损，即可采用土建和设备安装平行施工，可缩短工期。如建造水泥厂时，平行施工最经济。

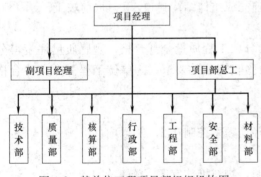

图 4-2　某单位工程项目部组织机构图

4.3.3　确定项目部组织机构和岗位职责

项目部组织机构应根据工程的规模、复杂程度、专业特点、施工企业类型、人员素质、管理水平等设置足够的岗位，其人员组成以机构方框图的形式列出，明确各岗位人员的职责。某工程建立的项目组织机构构成如图 4-2 所示。

4.4　施工方案

制定施工方案是单位工程施工组织设计中的核心内容，它必须从单位工程施工的全局出发，认真研究确定。制定施工方案主要包括：①划分施工区域和施工段；②选择主要分部分项工程的施工方法；③选择施工机械。这个过程是一个综合分析、对比、决策的过程，既要考虑技术措施，又要考虑相应的组织措施，从而确保技术措施的落实。

4.4.1　划分施工区域和施工段

划分施工段的目的是有效地组织流水施工。

1. 施工段的划分原则

在划分施工段时，一定要结合工程特点，使施工段数适宜。为了使施工段划分得更科学、合理，通常应遵循的原则如下：

（1）尽量与结构或装饰的自然界限一致

施工段的分界线应尽可能与结构界线（如沉降缝、伸缩缝等）相一致，或设在对建筑结构整体性影响小的部位（如必须将分界线设在墙体中间时，应将其设在对结构整体性影响少的门窗洞口等部位，以减少留槎，便于修复）。

（2）各段劳动量大致相等

同一专业工作队在各个施工段上的劳动量应大致相等，相差幅度不宜超过 10%～15%。

（3）工作面足够大，但段数不宜过多

每个施工段内要有足够的工作面，使其所容纳的劳动力人数或机械台数，能满足合理劳动组织的要求。划分的段数不宜过多，过多势必使工期延长。

（4）多施工层施工应满足：施工段数（m）不小于施工过程数（n）

为保证参与流水的主导施工过程的工作队能连续施工，施工段的数目要满足以下要求：对于多层或高层建筑物，施工段数（m）不小于施工过程数（n）；当无层间关系或无施工层（如某些单层建筑物、基础工程等）时，则施工段不受此限制，可按前面所述划分施工段的原则进行确定。

（5）考虑垂直运输机械的能力

如采用塔式起重机作为垂直运输工具，应考虑每台班的吊次，充分发挥塔式起重机效率。

2. 划分方法

（1）基础工程：基础应少分段或不分段，以利于整体性。当结构平面较大时，可以考虑 2～3 个单元为一段。

（2）主体工程：2～3 个单元为一段；小面积的栋号平面内不分段，可以组织栋号间的流水施工。

（3）屋面工程：一般不分段，也可以在高低层或伸缩缝处分段。

（4）装饰工程：外装饰以层分段成每层再分 2～3 段；内装饰每单元为一段或每层分2～3 段。

4.4.2　选择主要分部分项工程的施工方法

1. 确定施工起点流向

施工流向是指单位工程在平面上或竖向上施工开始的部位和进展的方向。对单位工程施工流向的确定一般遵循"四先四后"的原则，即"先准备后施工，先地下后地上，先主体后围护，先结构后装饰"的次序。

同时，针对具体的单位工程，在确定施工流向时应考虑以下因素：生产使用的先后，施工区段的划分，与材料、构件、土方的运输方向不发生矛盾，适应主导工程（工程量大、技术复杂、占用时间长的施工过程）的合理施工顺序。具体应注意以下五点：

1）工业厂房的生产工艺往往是确定施工流向的关键因素，故影响试车投产的工段应先施工。

2）建设单位对生产或使用要求在先的部位应先施工。

3）技术复杂、工期长的区段或部位应先施工。

4）当有高低跨并列时，应从并列处开始；屋面防水施工应按先低后高顺序施工，当基础埋深不同时应先深后浅。

5）根据施工现场条件确定。如土方工程边开挖边余土外运，施工的起点一般应选定在离道路远的部位，由远而近的流向进行。

对于装饰工程，一般分室内装饰和室外装饰。室外装饰通常是自上而下进行，但有特殊情况时可以不按自上而下进行的顺序进行，如商业性建筑为满足业主营业的要求，可采取自中而下的顺序进行，保证营业部分的外装饰先完成。这种顺序的不足之处是在上部进行外装饰时，易损坏污染下部的装饰。室内装饰可以采取主体封顶后自上而下进行，也可以采取自下而上进行，如图 4-3 所示。

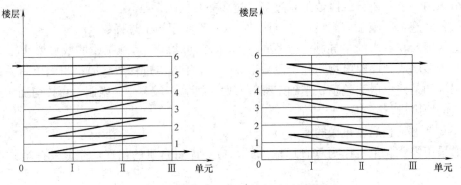

图 4-3　室内装饰自上而下和自下而上的流向

2. 确定施工顺序

（1）考虑的因素

施工顺序是指各项工程或施工过程之间的先后次序。施工顺序应根据实际的工程施工条件和采用的施工方法来确定，没有一种固定不变的顺序，但这并不是说施工顺序是可以随意改变的，也就是说建筑施工的顺序有其一般性，也有其特殊性。因而确定施工顺序应考虑以下因素：

1）遵循施工程序。施工顺序应在不违背施工程序的前提下确定。

2）符合施工工艺。施工顺序应与施工工艺顺序相一致，如现浇钢筋混凝土连梁的施工顺序为：支模板→绑扎钢筋→浇混凝土→养护→拆模板。

3）与施工方法和施工机械的要求相一致。不同的施工方法和施工机械会使施工过程的先后顺序有所不同。如建造装配式单层厂房，采用分件吊装法的施工顺序是：先吊装全部柱子，再吊装全部吊车梁，最后吊装所有屋架和屋面板。采用综合吊装法的顺序是：先吊装完一个节间的柱子、吊车梁、屋架和屋面板之后，再吊装另一个节间的构件。

4）考虑工期和施工组织的要求。如地下室的混凝土地坪，可以在地下室的楼板铺设前施工，也可以在楼板铺设后施工。但从施工组织的角度来看，前一方案便于利用安装楼板的起重机向地下室运送混凝土，因此宜采用此方案。

5）考虑施工质量和安全要求。如基础回填土，必须在砌体达到必要的强度以后才能开始，否则，砌体的质量会受到影响。

6）不同地区的气候特点不同，安排施工过程应考虑到气候特点对工程的影响。如土方工程施工应避开雨期，以免基坑被雨水浸泡或遇到地表水而造成基坑开挖的难度。

现在以砖混结构建筑、钢筋混凝土结构建筑以及装配式工业厂房为例，分别介绍不同结构形式的施工顺序。

（2）砖混结构多层建筑施工顺序

多层砖混结构房屋的施工，一般可划分为三个阶段，即基础工程施工、主体工程施工和装饰工程施工，其一般的施工顺序如图 4-4 所示。

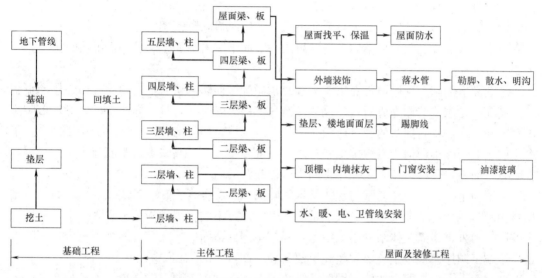

图 4-4 砖混结构房屋施工顺序示意图

1）基础施工顺序

基础工程施工顺序一般是：挖槽（坑）→混凝土垫层→基础施工→做防潮层→回填土；若有桩基，则在开挖前应施工桩基；若有地下室，则基础工程中应包括地下室的施工。

槽（坑）开挖完成后，立即验槽做垫层，其时间间隔不能太长，以防止地基土长期暴露，被雨水浸泡而影响其承载力，即所谓的"抢基础"。在实际施工中，若由于技术或组织上的原因不能立即验槽、做垫层和基础，则在开挖时可留 20～30cm 至设计标高，以保护地基土，待有条件施工下一步时，再挖去预留的土层。

对于回填土，由于回填土对后续工序的施工影响不大，可视施工条件灵活安排。原则上是在基础工程完工之后一次性分层夯填完毕，可以为主体结构工程阶段施工创造良好的工作条件，如它为搭外脚手架及底层砌墙创造了比较平整的工作面。特别是当基础比较深，回填土量较大的情况下，回填土最好在砌墙以前填完，在工期紧张的情况下，也可以与砌墙平行施工。

2）主体结构工程施工

砖混结构主体施工的主导工序是砌墙和安装楼板，对于整个施工过程主要有：搭脚手架、砌墙、安装门窗框、吊装预制门窗过梁或浇筑钢筋混凝土圈梁、吊装楼板和楼梯、浇筑雨篷、阳台及吊装屋面等。它们在各楼层之间先后交替施工。在组织砖混结构单个建筑物的主体结构工程施工时，应把主体结构工程归并成砌墙和吊装楼板两个主导施工过程来组织流水施工，使主导工序能连续进行。

3）装饰工程施工顺序

主体完工后，项目进入到装饰施工阶段。该阶段分项工程多、消耗的劳动量大，工期也较长，本阶段对砖混结构施工的质量有较大的影响，因而必须确定合理的施工顺序与方法来组织施工。本阶段主要的施工过程有：内外墙抹灰、安装门窗扇、安装玻璃和油漆、内墙刷浆、室内地坪、踢脚线、屋面防水、安装落水管、明沟、散水、台阶以及水、暖、电、卫等，其中主导工程是抹灰工程，安排施工顺序应以抹灰工程为主导，其余工程是交叉、平行穿插进行。

室外装饰的施工顺序一般为自上而下施工，同时拆除脚手架。

室内抹灰的施工顺序从整体上通常采用自上而下、自下而上、自中而下再自上而中三种施工方案。

自上而下的施工顺序通常在主体工程封顶做好屋面防水层后，由顶层开始逐层向下施工。其优点是主体结构完成后，建筑物已有一定的沉降时间，且屋面防水已做好，可防止雨水渗漏，保证室内抹灰的施工质量。此外，采用自上而下的施工顺序，交叉工序少，工序之间相互影响小，便于组织施工和管理，保证施工安全。其缺点是不能与主体工程搭接施工，因而工期较长。该施工顺序常用于多层建筑的施工。

自下而上的施工顺序通常与主体结构间隔两到三层平行施工。其优点是可以与主体结构搭接施工，所占工期较短。其缺点是交叉工序多，不利于组织施工和管理，也不利于安全控制。另外，上面主体结构施工用水，容易渗漏到下面的抹灰上，不利于室内抹灰的质量。该施工顺序通常用于高层、超高层建筑和工期紧张的工程。

自中而下再自上而中的施工顺序是结合了上述两种施工顺序的优缺点。一般在主体结构进行到一半时，主体结构继续向上施工，而室内抹灰则向下施工，这样，使得抹灰工程距离主体结构施工的工作面越来越远，相互之间的影响也减小。该施工顺序常用于层数较多的工程施工。

室内同一层的天棚、墙面、地面的抹灰施工顺序通常有两种：一是"地面→天棚→墙面"（即"地顶墙"），这种顺序室内清理简便，有利于保证地面施工质量，且有利于收集天棚、墙面的落地灰，节省材料。但地面施工完成以后，需要一定的养护时间才能施工天棚、墙面，因而工期较长。另外，还需注意地面的保护。另一种是"天棚→墙面→地面"（即"顶墙地"），这种施工顺序的好处是工期短。但施工时，如不注意清理落地灰，会影响地面抹灰与基层的粘结，造成地面起拱。

楼梯和过道是施工时运输材料的主要通道，它们通常在室内抹灰完成以后，再自上而下施工。楼梯、过道室内抹灰全部完成以后，进行门窗扇的安装，然后进行油漆工程，最后安装门窗玻璃。

（3）钢筋混凝土结构工程施工顺序

现浇钢筋混凝土结构建筑是目前应用最广泛的建筑形式，其总体施工仍可分为三个阶段，即基础工程施工、主体工程施工及装饰工程施工和设备安装工程施工。

1）基础工程施工

对于钢筋混凝土结构工程，其基础形式有：桩基础、独立基础、筏形基础、箱形基础以及复合基础等，不同的基础其施工顺序（工艺）不同。

桩基础的施工顺序，对于泥浆护壁钻孔灌注桩，其顺序一般为：泥浆护壁成孔→清孔→落放钢筋骨架→水下浇筑混凝土；对人工挖孔灌注桩，其施工顺序一般为：人工成孔→验孔→落放钢筋骨架→浇筑混凝土；对于预制桩其施工顺序一般为：放线定桩位→设备及桩就位→打桩→检测。

钢筋混凝土独立基础的施工顺序一般为：开挖基坑→验槽→做混凝土垫层→扎钢筋支模板→浇筑混凝土→养护→回填土。

箱形基础的施工顺序一般为：开挖基坑→做垫层→箱底板钢筋、模板及混凝土施工→箱墙钢筋、模板、混凝土施工→箱顶钢筋、模板、混凝土施工→回填土。

在箱形、筏形基础施工中，土方开挖时应作好支护、降水等工作，防止塌方，对于大体积混凝土应采取措施防止裂缝产生。

2）主体工程施工顺序

对于主体工程的钢筋混凝土结构施工，总体上可以分为两大类构件。一类是竖向构件，如墙柱等，另一类是水平构件，如梁板等，因而其施工总的顺序为"先竖向再水平"。

竖向构件施工顺序，对于柱与墙其施工顺序基本相同，即"放线→绑扎钢筋→预留预埋→支模板及脚手架→浇筑混凝土→养护"。

水平构件施工顺序，对于梁板一般同时施工，其顺序为：放线→搭脚手架→支梁底模、侧模→扎梁钢筋→支板底模→扎模钢筋→预留预埋→浇筑混凝土→养护。

现在商品混凝土供应范围较广，因此一般同一楼层的竖向构件与水平构件混凝土同时浇筑。

3）装饰与设备安装工程施工顺序

对于装饰工程，总体施工顺序与前面讲述的砖混结构装饰工程施工顺序相同，即"先外后内"，室外由上到下，室内既可以由上向下，也可以由下向上。对于多层、小高层或高层钢筋混凝土结构建筑，特别是高层建筑，为了缩短工期，其装饰和水、电、暖通设备是与主体结构施工搭接进行的，一般是主体结构做好几层后随即开始。装饰和水、电、暖通设备安装阶段的分项工程很多，各分项工程之间、一个分项工程中的各个工序之间，均需按一定的施工顺序进行。虽然由于有许多楼层的工作面，可组织立体交叉作业，基本要求与混合结构的装修工程相同，但高层建筑的内部管线多，施工复杂，组织交叉作业尤其要注意相互关系的协调以及质量和安全问题。

（4）装配式单层工业厂房施工顺序

装配式钢筋混凝土单层厂房施工共分基础工程、预制工程、结构安装工程与围护及装饰工程这几个主要阶段。由于基础工程与预制工程之间没有相互制约的关系，所以相互之间就没有既定的顺序，只要保证在结构安装之间完成，并满足吊装的强度要求即可。各施工阶段的工作内容与施工顺序如图4-5所示。

1）基础工程

装配式钢筋混凝土单层厂房的基础一般为现浇杯形基础。基本施工顺序是基坑开挖、做垫层、浇筑杯形基础混凝土、回填土。若是重型工业厂房基础，对土质较差的工程则需打桩或其他人工地基；如遇深基础或地下水位较高的工程，则需采取人工降低地下水位。

大多数单层工业厂房都有设备基础，特别是重型机械厂房，设备基础既深又大，其施工难度大，技术要求高，工期也较长。设备基础的施工顺序如何安排，会影响到主体结构

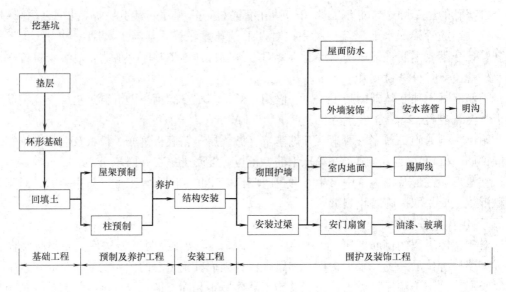

图 4-5   装配式单层工业厂房施工顺序示意图

的安装方法和设备安装的进度。因而若工业厂房内有大型设备基础时，其施工有"开敞式"和"封闭式"两种方案。

开敞式施工，这是遵照一般先地下、后地上的顺序，设备基础与厂房基础的土方同时开挖。由于开敞式的土方量较大，可用正铲、反铲挖掘机以及铲运机开挖。这种施工方法工作面大，施工方便，并为设备提前安装创造条件。其缺点是对主体结构安装和构件的现场预制带来不便。当设备基础较复杂、埋置深度大于厂房柱基的埋置深度并且工程量大时，开敞式施工方法较适用。

封闭式施工，就是设备基础施工在主体厂房结构完成以后进行。这种施工顺序是先建厂房，后做设备基础。其优点是厂房基础和预制构件施工的工作面较大，有利于重型构件现场预制、拼装、预应力张拉和就位；便于各种类型的起重机开行路线的布置；可加速厂房主体结构施工。由于设备基础是厂房建成后施工，因此，可利用厂房内的桥式吊车作为设备基础施工中的运输工具，并且不受气候的影响。其缺点是部分柱基回填土在设备基础施工时会被重新挖空出现重复劳动，设备基础的土方工程施工条件差，因此，只有当设备基础的工作量不大，且埋置深度不超厂房桩基的埋置深度时，才能采用封闭式施工。

2）预制工程的施工顺序

单层工业厂房的预制构件有现场预制和工厂预制两大类。首先确定哪些构件在现场预制，哪些构件在构件厂预制。一般来说，像单层工业厂房的牛腿柱、屋架等大型不方便运输的构件在现场预制；屋面板、天窗、吊车梁、支撑、腹杆及连系梁等在工厂预制。

预制工程的一般施工顺序为：构件支模（侧模等）→绑扎钢筋（预埋件）→浇筑混凝土→养护。若是预应力构件，则应加上"预应力钢筋的制作→预应力筋张，拉锚固→灌浆"。

由于现场预制构件时间较长，为了缩短工期，原则上，先安装的构件如柱等应先预制。但总体上，现场预制构件如屋架、柱等应提前预制，以满足一旦杯形基施工完成，达到现定的强度后就可以吊装柱子，柱子吊装完成灌浆固定养护达到规定的强度后就可以吊装屋架，从而达到缩短工期的目的。

3）结构安装工程施工顺序

装配式单层工业厂房的结构安装是整个厂房施工的主导施工过程，一般的安装顺序为：柱子安装校正固定→连系梁的安装→吊车梁安装→屋盖结构安装（包括屋架、屋面板、天窗等）。在编制施工组织计划时，应绘制构件现场吊装就位图、起吊机的开行路线图，包括每次开行吊装的构件及构件编号图。

安装前应作好其他准备工作，包括构件强度核算、基础杯底抄平、杯口弹线、构件的吊装验算和加固、起重机稳定性及起重能力核算、起吊各种构件的索具准备等。

单层厂房安装顺序有两种：一种是分件吊装法，即先依次安装和校正全部柱子，然后安装屋盖系统等。这种方式起重机在同一时间安装同一类型构件，包括就位、绑扎、临时固定、校正等工序并且使用同一种索具，劳动组织不变，可提高安装效率。缺点是增加起重机开行路线。另一种是综合吊装法，即逐个节间安装，连续向前推进。方法是先安装四根柱子，立即校正后安装吊车梁与屋盖系统，一次性安装好纵向一个柱距的节间。这种方式可缩短起重机的开行路线，并且可为后续工序提前创造工作面，实现最大搭接施工，缺点是安装索具和劳动力组织有周期性变化而影响生产率。上述两种方法在单层厂房安装工程中均有采用。一般实践中，综合吊装法应用相对较少。

对于厂房两端山墙的抗风性，其安装通常也有两种方法。一种方法是随一般柱一起安装，即起重机从厂房一端开始，首先安装抗风柱，安装就位后立即校正固定。另一种方法是待单层厂房的其他构件全部安装完毕后，安装抗风柱，校正后立即与屋盖连接。

4）围护、屋面及其他工程施工

主要包括砌墙、屋面防水、地坪、装饰工程等，对这类工程可以组织平行作业，尽量利用工作面安排施工。一般当屋盖安装后先进行屋面灌缝，随即进行地坪施工，并同时进行砌墙，砌墙结束后跟着进行内外粉刷。

屋面防水工程一般应在屋面板安装后马上进行。屋面板吊装固定之后随即可进行灌缝及抹水泥砂浆，做找平层。若做柔性防水层面，则应等找平层干燥后再开始做防水层，在做防水层之前应将天窗扇和玻璃安装好并油漆完毕，还要避免在刚做好防水层的屋面上行走和堆放材料、工具等物，以防损坏防水层。

单层厂房的门窗油漆可以在内墙刷完以后马上进行，也可以与设备安装同时进行。地坪应在地下管道、电缆完成后进行，以免凿开嵌补。

以上针对砖混结构、钢筋混凝土结构及装配式单层工业厂房施工的施工顺序安排作了一般说明，是施工顺序的一般规律。在实践中，由于影响施工的因素很多，各具体的施工项目其施工条件各不相同，因而，在组织施工时应结合具体情况和本企业的施工经验，因地制宜地确定施工顺序组织施工。

3. 确定主要施工方法

（1）施工方法确定的原则

1）具有针对性。在确定某个分部分项工程的施工方法时，应结合本分项工程的情况来制定，不能泛泛而谈。如模板工程应结合本分项工程的特点来确定其模板的组合、支撑及加固方案，画出相应的模板安装图，不能仅仅按施工规范谈安装要求。

2）体现先进性、经济性和适用性。选择某个具体的施工方法（工艺）首先应考虑其先进性，保证施工的质量。同时还应考虑到在保证质量的前提下，该方法是否经济和适用，并对不同的方法进行经济评价。

3）保障性措施应落实。在拟定施工方法时不仅要拟定操作过程和方法，而且要提出质量要求，并要拟定相应的质量保证措施和施工安全措施及其他可能出现情况的预防措施。

（2）施工方法的选择

在选择主要的分部或分项工程施工时，应包括以下的内容：

1）土石方工程

① 计算土石方工程量，确定开挖或爆破方法，选择相应的施工机械。当采用人工开挖时，应按工期要求确定劳动力数量，并确定如何分区分段施工。当采用机械开挖时，应选择机械挖土的方式，确定挖掘机型号、数量和行走线路，以充分利用机械能力，达到最高的挖土效率。

② 地形复杂的地区进行场地平整时，确定土石方调配方案。

③ 基坑深度低于地下水位时，应选择降低地下水位的方法，确定降低地下水所需设备。

④ 当基坑较深时，应根据土壤类别确定边坡坡度，土壁支护方法，确保安全施工。

2）基础工程

① 基础需设施工缝时，应明确留设位置和技术要求。

② 确定浅基础的垫层、混凝土和钢筋混凝土基础施工的技术要求或有地下室时防水施工技术要求。

③ 确定桩基础的施工方法和施工机械。

3）砌筑工程

① 应明确砖墙的砌筑方法和质量要求。

② 明确砌筑施工中的流水分段和劳动力组合形式等。

③ 确定脚手架搭设方法和技术要求。

4）混凝土及钢筋混凝土

① 确定混凝土工程施工方案，如滑模法、爬升法或其他方法等。

② 确定模板类型和支模方法。重点应考虑提高模板周转利用次数，节约人力和降低成本，对于复杂工程还需进行模板设计和绘制模板放样图或排列图。

③ 钢筋工程应选择恰当的加工、绑扎和焊接方法。如钢筋作现场预应力张拉时，应详细制订预应力钢筋的加工、运输、安装和检测方法。

④ 选择混凝土的制备方案，如采用商品混凝土，还是现场制备混凝土。确定搅拌、运输及浇筑顺序和方法，选择泵送混凝土和普通垂直运输混凝土机械。

⑤ 选择混凝土搅拌、振捣设备的类型和规格，确定施工缝的留设位置。

⑥ 如采用预应力混凝土应确定预应力混凝土的施工方法、控制应力和张拉设备。

5）结构吊装工程

① 根据选用的机械设备确定结构吊装方法，安排吊装顺序、机械位置、开行路线及构件的制作、拼装场地。

② 确定构件的运输、装卸、堆放方法，所需的机具、设备的型号、数量和对运输道

路的要求。

6）装饰工程

① 围绕室内外装修，确定采用工厂化、机械化施工方法。

② 确定工艺流程和劳动组织，组织流水施工。

③ 确定所需机械设备，确定材料堆放、平面布置和储存要求。

7）现场垂直、水平运输

① 确定垂直运输量（有标准层的要确定标准层的运输量），选择垂直运输方式，脚手架的选择及搭设方式。

② 水平运输方式及设备的型号、数量，配套使用的专用工具、设备（如混凝土车、灰浆车、料斗、砖车、砖笼等），确定地面和楼层上水平运输的行驶路线。

③ 合理地布置垂直运输设施的位置，综合安排各种垂直运输设施的任务和服务范围及混凝土后台上料方式。

4.4.3 选择施工机械

确定垂直运输机械主要考虑的因素如下：

（1）施工场地的面积

施工场地比较开阔，可以选用比较传统的自升式塔式起重机，在城市中心，施工场地狭小时就需要采用动臂式塔吊，如有必要时可以将塔吊标准节固定于建筑物核心筒内。

（2）重型构件的重量和位置

在需要垂直运输重型材料，比如钢结构时就需要验算起吊最大构件的重量，根据设计图纸以及拟布置垂直运输机械的位置，确定选择的型号。

（3）群体建筑的体量和施工范围

项目的群体建筑数量比较多的情况下就要考虑配备多台垂直运输机械，以满足覆盖要求。

（4）项目的工期要求

工期也是垂直运输机械需要考虑的重要因素，工期要求比较紧的情况下垂直运输机械的配备就要相应增加，对某些单层或多层项目可以采用增加汽车吊的方式，对于高层建筑就需要增加配备数量。

（5）拟建建筑的高度

拟建建筑高度较低且场地允许时可以采用汽车吊吊运，拟建建筑高度较高时可采用塔吊，当拟建筑的高度超过塔吊最大自由高度时塔吊还应设置附墙。

施工机械的选择是施工方案选择的重要环节。在选择施工机械时，应该首先选择主导工程的施工机械，根据工程的特点决定其最适宜的类型。例如：选择土方工程的施工方法和施工机械时，必须考虑到土壤的性质、工程量的大小、挖土机和运输设备的行驶条件等。然后，为了充分发挥主导机械的效率，选择与主导机械直接配套的各种辅助机械或运输工具时，应该使其生产能力互相协调一致，并且能够保证充分利用主导机械。在一个施工场地上，如果拥有大量同类型而型号不同的机械，会使机械管理工作复杂化，所以应力求一项工程的施工机械型号尽可能少些。为此，对于工程量大的工程应采用专用机械；对于工程量小而分散的情况，尽可能采用多用途的机械。

高层建筑施工中垂直运输量较大，可根据标准层垂直运输量（如砖、砂浆、模板、钢筋、混凝土、预制件、门窗、水电材料、装饰材料、脚手架等）来编制垂直运输量表（表4-1），然后据此选择垂直运输方式和机械数量，再确定水平运输方式和机械数量，最后布置垂直运输设施的位置及水平运输路线。

垂直运输量表　　　　　　　　　　　　　　　表 4-1

序号	项目	单位	数量		需要吊次
			工程量	每吊工程量	

4.5　施工进度计划

单位工程施工进度计划是以一个单位工程为编制对象，在项目总进度计划控制目标的原则下，用以指导单位工程施工全过程进度控制的指导性文件。由于它所包含的施工内容比较具体明确，工期较短，故其作业性较强，是进度控制的直接依据。单位工程开工前，由项目经理组织，在项目技术负责人领导下进行编制。

4.5.1　施工进度计划的作用

施工进度计划的作用表现在多个方面，但最主要的体现在以下四个方面：

1）控制单位工程的施工进度，保证在规定的工期内完成符合质量要求的工程任务；

2）按照单位工程各施工过程的施工顺序，确定各施工过程的持续时间以及它们相互间的配合关系，其中包括土木工程与其他专业工程之间的配合关系；

3）为确定施工所必需的各类资源（人力、材料、机械设备、水电等）的需要量提供依据；

4）为施工准备工作计划、编制月旬作业计划提供依据。

4.5.2　施工进度计划编制的依据

施工进度计划编制的依据主要有以下八个方面：

1）经过审批后的单位工程的全部施工图纸、标准图集、有关技术资料、现场地形图等；

2）现场有关的水文、地质、气象和其他技术经济资料；

3）合同规定的开工、竣工日期及工期要求，施工组织总设计对本单位工程的有关规定；

4）单位工程的施工方案；

5）施工图预算或工程量清单；

6）劳动定额及机械台班定额；

7）施工条件：劳动力、机械、材料的供应能力，专业单位（如设备安装等）配合土建施工的能力，分包单位的情况等；

8）其他有关要求和资料。

4.5.3 施工进度计划的目标

施工进度计划目标的确定直接关系到施工效率，应包括以下五项内容：

1）工期应满足施工组织总设计或合同所规定的工期要求；

2）施工现场各种临时设施的规模，在合理范围内尽可能最小；

3）施工机械、设备、工具、模具、周转材料等在合理的范围内最少，并尽可能重复利用；

4）尽可能组织连续均衡施工，在整个工程施工期间，施工现场的劳动人数要保持在合理的范围内；

5）尽可能减少因组织安排不善、停工待料所引起的时间损失。

4.5.4 施工进度计划编制内容

单位工程施工进度计划一般采用横道图表示，其表示形式见表4-2。

单位工程施工进度横道图表　　　　　　　　　　　　表 4-2

序号	分部分项工程名称	工程量		时间定额	劳动量		需用机械		工作班次	每班人数	工作天数	施工进度					
												月					
		单位	数量		工种	工日数量	名称	台班量				5	10	15	20	25	30
1																	
2																	
...																	

从表4-1中可以看出，施工进度计划的内容由图表中左右两部分组成。左边部分反映各分部分项工程相应的工程量、定额、需要的劳动量或机械台班数以及参加施工的工人数和施工机械数量等。右边上部是从规定的开工之日起至竣工之日止的时间表，下边是用横向线条表示的进度指示图表，它是按左边的计算数据设计出来的，用线条形象地表示出各个分部分项工程的施工进度和总工期，反映出各分部分项工程项目相互间关系和各个施工队在时间和空间上开展工作的相互配合关系。每格可代表一天、几天、一周或一旬等。其编制的主要方法及步骤如下。

4.5.5 施工进度计划的编制步骤方法

单位工程施工进度计划的主要编制步骤方法为：①确定分部分项工程项目，划分施工过程→②计算工程量→③确定工程量和机械台班数→④确定各施工过程的作业天数→⑤编排施工进度计划→⑥施工进度计划的检查和调整。

1. 确定分部分项工程项目，划分施工过程

施工进度计划表中所列项目是指直接完成单位工程的各分部分项工程的施工过程。首先按照施工图纸的施工顺序，将拟建单位工程的各个施工过程列出，并结合施工方法、施工条件和劳动组织等因素，加以适当调整，确定填入施工进度计划表中的施工过程。在确定分部分项工程项目时，应注意以下问题。

（1）工程项目划分的粗细程度。分部分项工程项目划分的粗细程度应根据进度计划的具体要求而定。对于控制性进度计划，项目的划分可粗一些，一般只列出分部工程的名称；而实施性的单位工程进度计划，项目应划分得细一些，特别是对工期有影响的项目不能漏项，以使施工进度能切实指导施工。为使进度计划能简明清晰，原则上应在可能条件下应尽量减少工程项目的数目，对于劳动量很少、次要的分项工程，可将其合并到相关的主要分项工程中。

（2）施工过程的划分要结合所选择的施工方案。分部分项工程项目的划分，要在熟悉图纸的基础上，按施工方案所确定的合理顺序列出。由于施工方案和施工方法的不同，会影响工程项目名称、数量及施工顺序。因此，工程项目划分应与所选施工方法相协调一致。

（3）对于分包单位施工的专业项目，可安排与土建施工相配合的进度日期，但要明确相关要求。

（4）划分分部分项工程项目时，还要考虑结构的特点及劳动组织等因素。

（5）所有分部分项工程项目及施工过程在进度计划表上填写时应基本按施工顺序排列，项目的名称可参考现行定额手册上的项目名称。

2. 计算工程量

工程量的计算应根据施工图和工程量计算规则进行。分部分项工程项目确定后，可分别计算工程量，计算中应注意以下三个问题。

（1）各分部分项工程的工程量计算单位应与现行定额手册中所规定的单位相一致。

（2）计算工程量应与所确定的施工方法相一致，要结合施工方法满足安全技术的要求。如土方开挖，应根据土壤的类别和是否放坡、是否增加支撑或工作面等进行调整计算。

（3）当施工组织要求分区、分段、分层施工时，工程量计算应按分区、分段、分层来计算，以利于施工组织及进度计划的编制。

3. 确定劳动量和机械台班数

所谓劳动量是指完成某施工过程所需要的工日数（人工作业时）和台班数（机械作业时）。根据各分部分项工程的工程量（Q）、施工方法和现行的劳动定额，结合施工单位的实际情况计算各施工过程的劳动量和机械台班数。其计算式如下：

$$P = Q/S \text{ 或 } P = Q \times H \qquad (4-1)$$

式中　P——某分项工程所需的劳动量（工日）或机械台班量；

　　　Q——某分项工程的工程量（m^3、m^2、t 等）；

　　　S——某分项工程的产量定额（m^3、m^2、t 等/工日或台班）；

　　　H——某分项工程的时间定额（工日或台班/m^3、m^2、t 等）。

在使用定额时可能会出现以下两种情况。

（1）计划中的一个项目包括了定额中的同一性质的不同类型的几个分项工程。这时可采用其所包括的各分项工程的工程量与其各自的时间定额或产量定额算出各自的劳动量，然后再用求和的方法计算计划中项目的劳动量，其计算公式如下：

$$P = Q_1 H_1 + Q_2 H_2 + \cdots Q_n H_n = \sum_{i=1}^{n} Q_i H_i \qquad (4-2)$$

式中　　　　　　P——含义同前；

Q_1、Q_2、…、Q_n——同一性质各个不同类型分项工程的工程量；

H_1、H_2、…、H_n——同一性质各个不同类型分项工程的时间定额；

n——计划中的一个工程项目所包括定额中同一性质不同类型分项工程的个数。

也可采用第二种计算方法，首先计算平均定额，再用平均定额计算劳动量，其计算式如下：

$$\overline{H}=\frac{Q_1 H_1+Q_2 H_2+\cdots+Q_n H_n}{Q_1+Q_2+\cdots+Q_n} \tag{4-3}$$

式中　$\overline{H}$——同一性质不同类型分项工程的平均时间定额。

（2）施工计划中的某个项目采用了尚未列入定额手册的新技术或特殊的施工方法，计算时可参考类似项目的定额或经过实际测算确定临时定额。

4. 确定各施工过程的作业天数

（1）计算各分项工程施工持续天数的方法

1）根据配备的人数或机械台数计算天数

其计算式如下：

$$t=\frac{P}{RN} \tag{4-4}$$

式中　P——含义同前；

t——完成某分项工程的施工天数；

R——每班配备在该分部分项工程上的施工机械台数或人数；

N——每天的工作班次。

2）根据工期的要求倒排进度

首先根据总工期和施工经验，确定各分项工程的施工时间，然后计算出每一分项工程所需要的机械台数或工人数，计算式如下：

$$R=\frac{P}{tN} \tag{4-5}$$

（2）工作班制（N）的确定

工作班制一般宜采用一班制，因其能利用自然光照，适宜于露天和空中交叉作业，有利于保证安全和工程质量。若采用两班或三班制工作，可以加快施工进度，并且能够保证施工机械得到更充分的利用，但是，也会引起技术监督、工人福利以及作业地点照明等方面费用的增加。因此，没有必要对所有的施工过程都采用两班、三班制工作。一般来说，应该尽量把辅助工作和准备工作安排在第二班内，以使主要的施工过程在第二天白班能够顺利地进行。只有那些使用大型机械的主要施工过程（如使用大型挖土机、使用大型的起重机安装构件等），为了充分发挥机械的能力才有必要采用两班制工作。三班制工作应尽量避免，因为在这种情况下，施工机械的检查和维修无法进行，不能保证机械经常处在完好的状态。三班制施工只有在以下三种情况下采用。

1）工艺要求不能间断的工作。例如：地下抗渗混凝土结构或构筑物的施工。

2）从安全施工角度考虑。例如：在深基坑内基础施工阶段，为了防止边坡塌方需尽快完成地下部分施工，然后立即回填土，因而在组织施工时，多采用三班制工作。

3）工期的特殊要求。如果工期要求很紧，为达到按时完工必须采用三班制施工。

（3）机械台数或人数的确定

对于机械化施工过程，如果计算出的工作持续天数与所要求的时间相比太长或太短，则可以增加或减少机械的台数，从而调整工作的持续时间。

在安排每班的劳动人数时，必须考虑以下三点：

1）最小劳动组合。很多分项工程的施工都必须由多人共同配合才能进行工作。最小劳动组合是指某一施工过程要进行正常施工所必需的最低限度的人数及其合理组合。例如砌墙，只有技工不行，还必须有辅助工配合。

2）最小工作面。所谓最小工作面是指每一个工人或一个班组施工时必须要有足够的工作面才能发挥效率，保证施工安全。一个分项工程在组织施工时，安排工人数的多少受到工作面的限制，不能为了缩短工期，而无限制地增加作业的人数，否则会由于工作面过少，不能充分发挥工作效率，甚至会引发安全事故。

3）可能安排的人数。根据现场实际情况（如劳动力供应情况、技工技术等级及人数等），在最少必需人数和最多可能人数的范围之内，安排工人人数。如果在最小工作面的情况下，安排了最多人数仍不能满足工期要求时，可以组织两班制或三班制施工。

5．编排施工进度计划

各分部分项工程的施工顺序和施工天数确定后，即可用横道图表的右半部分按照施工顺序及施工天数进行初排，然后经检查调整后编排出正式的施工进度计划。

（1）编排的基本要求

1）力求保证施工过程（特别是主导工程）连续施工，并尽可能组织流水作业。

2）各施工过程之间在满足工艺要求的前提下，应最大限度地合理搭接。

3）编排的施工进度计划，必须保证合同规定的工期要求，否则应进行调整。

4）要保证工程质量和安全生产。

（2）编排施工进度计划的步骤

1）首先找出并安排控制工期的主导分部工程，然后安排其余分部工程，并使其与主导分部工程最大可能地平行进行或最大限度地搭接施工。

2）在主导分部工程中，首先安排主导分项工程，然后安排其他分项工程，并使其进度与主导分项工程同步，而不致影响工程的进展。

3）对于包括若干施工过程的分项工程，先安排影响工程进度的主导施工过程，再安排其余施工过程。

4）经以上三步编排后得到的初始进度计划，要进行检查和调整。

5）绘制正式进度计划。为适应现代信息社会的快速发展，科学地管理项目，提高工作效率，在编排施工进度计划时可利用项目管理应用软件进行。

6．施工进度计划的检查和调整

（1）施工进度计划检查的内容

1）工期是否达到要求。

2）工艺顺序是否合理，主导工作是否连续施工，其余分项工程与主导工作的平行、搭接和技术间歇是否合理，施工平面和空间安排是否合理。

3）劳动力、机械台班、材料、工具需用量是否均衡，主要施工机械是否充分发挥其作用及利用的合理性。

（2）施工进度计划的调整

在施工进度检查中，对发现的问题要及时调整。调整的方法有：一是延长或缩短工序的持续时间；二是在施工顺序允许的条件下，将需调整的工序向前或向后移动；三是必要时可改变施工方法和施工组织措施。

各分部分项工程互相之间都有一定的联系，当变动某一工序的时间安排时，要注意其对前后工序的影响，否则原有矛盾解决了，又产生了新的矛盾。

在实际施工中，影响施工进度计划贯彻执行的因素很多，如气候、地质、材料设备供应、设计变更等等。在编制施工进度计划时，虽然作了周密的计划，但是在执行过程当中还需要善于使主观的东西适应客观情况和条件的变化，随时掌握工程动态，不断地修改和调整进度计划。只有这样，施工进度计划才有可能起到指导施工的作用。为了考虑现场的实际施工条件的变化，在编排初始进度计划时，应适当的留有余地以利计划的顺利执行。

4.6 资源配置计划

资源配置计划是根据施工进度计划编制的，包括劳动力、材料、构配件、加工品、施工机具等的配置计划。它是组织物资供应与运输、调配劳动力和机械的依据，是组织有秩序、按计划顺利施工的保证，同时也是确定施工现场临时设施的依据。

1. 劳动力配置计划

劳动力配置计划主要用于调配劳动力和安排生活福利设施。其编制方法，是将单位工程施工进度计划所列各施工过程，按每个时间段（每旬、每月、每阶段）所需要的人数分工种进行汇总，即可得出相应时间段所需各工种人数。表 4-3 为某工程按每个施工阶段编制的劳动力配置计划。

单位工程劳动力配置计划　　　　　　　　　　　　表 4-3

序号	工种名称	总需要量（工日）	需要工人人数及时间								
			×月		×月		×月		×月		……
											……
											……

2. 主要材料配置计划

材料配置计划，主要用以组织备料、确定仓库面积或堆场面积和组织运输。其编制方法是将进度表或施工预算中所计算出的各施工过程的工程量，按材料名称、规格、使用时间及其消耗定额和储备定额进行计算汇总，得出每天（或旬、月）材料需要量。其表格形式见表 4-4。

主要材料配置计划　　　　　　　　　　　　表 4-4

序号	材料名称	规格	需要量		供应时间	备注
			单位	数量		

3. 构配件和半成品配置计划

构配件和加工半成品配置计划主要用于落实加工订货单位，组织加工、运输和确定堆场或仓库，应根据施工图纸及进度计划、储备要求及现场条件编制，其表格形式见表 4-5。

构配件和半成品配置计划　　　　　　　　　　　　　表 4-5

序号	品名	规格	图号、型号	需要量		使用部位	加工单位	供应日期	备注
				单位	数量				

4. 施工机具、设备配置计划

施工机具、设备包括施工机械、主要工具、特殊和专用设备等，其配置计划主要用以确定机具、设备的供应日期，安排进场、工作和退场日期，可根据施工方案和进度计划进行编制，其表格形式见表 4-6。

施工机具、设备配置计划　　　　　　　　　　　　　表 4-6

序号	机具、设备名称	类型、型号或规格	需要量		货源	进场时间	使用起止时间	备注
			单位	数量				

【例题 4-2】某工程按施工阶段编制的劳动力计划。

本工程将选择与我公司长期合作的劳务公司，其具有相应的企业资质和良好的信誉，具有良好的质量、安全意识，工人具备较高的技术等级且有类似工程施工的经验。本工程高峰期劳动力 500 人（不含专业分包部分）。其具体劳动力计划如图 4-6 所示。

项目	阶段 / 工种	按工程施工阶段投入劳动力情况				
		施工准备阶段	地下结构施工阶段	主体结构施工阶段	装饰、机电安装施工阶段	完工收尾阶段
土建装饰工程	钢筋工	5	130	100	15	
	木工	5	180	150	25	
	混凝土工	5	20	20	10	
	架子工	5	15	10	10	
	泥瓦工	20		40	50	
	抹灰工	5		30	40	10
	油漆工	5			30	5
	装饰工	10			70	30
	电工	3	3	3	3	2
	焊工	2	4	4	2	
	机操工	10	10	14	4	
	指挥工	10	10	10		
	普工	20	30	20	20	20
	小计	105	402	406	200	67
机电安装工程	电工		15	20	30	5
	管工		20	30	30	5
	焊工		4	4	10	
	安装工			10	50	10
	普工		15	30	30	10
	小计	0	54	94	150	30
总体工程	合计	105	456	500	350	97

图 4-6　劳动力计划

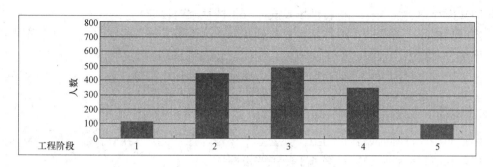

图 4-6　劳动力计划（续）

4.7　施工总平面图布置

　　施工总平面布置是按照施工部署、施工方案和施工总进度计划及资源配置计划的要求，将施工现场作出合理的规划与布置，以总平面图表示。其作用是正确处理全工地施工期间所需各项设施和永久建筑与拟建工程之间的空间关系，以指导现场实现有组织、有秩序和文明施工，实例见图 4-7。

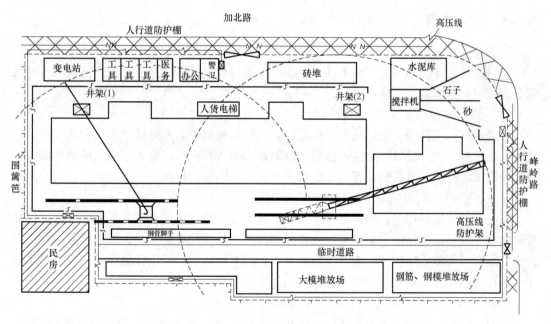

图 4-7　施工平面图设计实例

4.7.1　单位工程施工总平面图的内容

　　单位工程施工总平面图的内容主要包括：

　　（1）整个建设项目已有的建筑物和构筑物、拟建工程以及其他已有设施的位置和尺寸。

　　（2）垂直运输机械：塔吊、泵及管、电梯、井架、龙门架等。

（3）搅拌站、加工厂、材料堆场及仓库（生产性临时设施）。

当商品混凝土普及后，搅拌站主要指砂浆搅拌（但应安排混凝土泵及运输车停放地）。材料堆场主要指砂、水泥、架子、模板、墙体及装饰材料。加工厂主要有钢筋混凝土预制构件加工厂、木材加工厂、钢筋加工厂、金属结构构件加工厂等。仓库主要用于水泥、工具、管线、油漆、五金件等易损、易丢、危险物品。

（4）道路：此处特指服务于施工的设施。

（5）非生产性临时设施：门卫、办公室、宿舍、食堂、开水房、浴室、厕所等。

（6）水电管线：此处特指服务于施工的设施。

4.7.2　设计依据

（1）建筑总平面图、地形图、区域规划图和建设项目区域内已有的各种设施位置。

（2）建设地区的自然条件和技术经济条件。

（3）建设项目的工程概况、施工部署与施工方案、施工总进度计划及各种资源配置计划。

（4）各种现场加工、材料堆放、仓库及其他临时设施的数量及面积尺寸。

（5）现场管理及安全用电等方面有关文件和规范、规程等。

4.7.3　设计原则

1. 设置紧凑、少占地

在确保能安全、顺利施工的条件下，现场布置与规划要尽量紧凑，少征施工用地。既能节省费用，也有利于管理。

2. 尽量缩短运距、减少二次搬运

各种材料、构件等要根据施工进度安排，有计划地组织分期分批进场；合理安排生产流程，将材料、构件尽可能布置在使用地点附近，需进行垂直运输者，应尽可能布置在垂直运输机械附近或有效控制范围内，以减少搬运费用和材料损耗。

3. 尽量少建临时设施，所建临时设施应方便使用

在能保证施工顺利进行的前提下，应尽量减少临时建筑物或者有关设施的搭建，以降低临时设施费用；应尽量利用已有的或拟建的房屋、道路和各种管线为施工服务；对必需修建的房屋尽可能采用装拆或临时固定式；布置时不得影响正式工程的施工，避免反复拆建；各种临时设施的布置，应便于生产使用和生活使用。

4. 要符合劳动保护、安全防火、保护环境、文明施工等要求

现场布置时，应尽量将生产区与生活区分开；要保证道路通畅，机械设备的钢丝绳、缆风绳以及电缆、电线、管道等不得妨碍交通；易燃设施（如木工棚、易燃品仓库）和有碍人体健康的设施，应布置在下风处并远离生活区；要依据有关要求设置各种安全、消防、环保等设施。

根据上述原则并结合施工现场的具体情况，可设计出多个不同的布置方案，应通过分析比较，取长补短，选择或综合出一个最合理、安全、经济、可行的平面布置方案。

进行布置方案的比较时，可依据以下指标：施工用地面积；场地利用率；场内运输量，临时设施及临时建筑物的面积及费用；施工道路的长度及面积；水电管线的铺设长

度；安全、防火及劳动保护、环境保护、文明施工等是否能满足要求；且应重点分析各布置方案满足施工要求的程度。

4.7.4 设计的步骤和要求

单位工程施工平面图的设计步骤为：①起重及垂直运输机械的布置→②搅拌站、加工棚、仓库和材料、构件的布置→③运输道路的布置→④行政管理及文化、生活、福利用临时设施的布置→⑤临时水电管网及设施的布置。

1. 起重及垂直运输机械的布置

起重及垂直运输机械的布置位置，是施工方案与现场安排的重要体现，是关系到现场全局的中心一环。它直接影响到现场施工道路的规划、构件及材料堆场的位置、加工机械的布置及水电管线的安排，因此应首先考虑。

（1）塔式起重机的布置

塔式起重机一般应布置在场地较宽的一侧，且行走式塔吊的轨道应平行于建筑物的长度方向，以利于堆放构件和布置道路，充分利用塔吊的有效服务范围。附着式塔吊还应考虑附着点的位置，此外还要考虑塔吊基础的形式和设置要求，保证其安全性及稳定性等。

当建筑物平面尺寸或运输量较大，需群塔作业时，应使相交塔吊的臂杆有不小于5m的安装高差，并规定各自转动方向和角度，以防止相互干扰和发生安全事故。

塔吊距离建筑物的尺寸，取决于最小回转半径和凸出建筑物墙面的雨篷、阳台、挑檐尺寸及外脚手架的宽度。对于轨道行走式塔吊，应保证塔吊行驶时与凸出物有不少于0.5m的安全距离；对于附着式塔吊还应符合附着臂杆长度的要求。

塔吊布置后，要绘出其服务范围。原则上建筑物的平面均应在塔吊服务范围以内，尽量避免出现"死角"。塔吊的服务范围及主要运输对象的布置示例如图4-8所示。

塔吊的布置位置不仅要满足使用要求，还要考虑安装和拆除的方便。

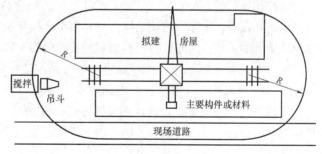

图 4-8　轨道式塔吊的服务范围

（2）自行式起重机

采用履带式、轮胎式或汽车式等起重机时，应绘制出吊装作业时的停位点、控制范围及其开行路线。

（3）固定式垂直运输设备

布置井架、门架或施工电梯等垂直运输设备，应根据机械性能、建筑平面的形状和尺寸、施工段划分情况、材料来向和运输道路情况而定。其目的是充分发挥机械的能力并使地面及楼面上的水平运距最小或运输方便。垂直运输设备应布置在阳台或窗洞口处，以减少施工留搓、留洞和拆除垂直运输设备后的修补工作。

垂直运输设备离开建筑物外墙的距离，应视屋面檐口挑出尺寸及外脚手架的搭设宽度而定。卷扬机的位置应尽量使钢丝绳不穿越道路，距井架或门架的距离不宜小于 15m 的安全距离，也不宜小于吊盘上升的最大高度（使司机的视仰角不大于 45°）；同时要保证司机视线好，距拟建工程也不宜过近，以确保安全。

当垂直运输设备与塔吊同时使用时，应避开塔吊布置，以免设备本身及其缆风绳影响塔吊作业，保证施工安全。

（4）混凝土输送泵及管道

在钢筋混凝土结构中，混凝土的垂直运输量约占总运输量的 75% 以上，输送泵的布置至关重要。

混凝土输送泵应设置在供料方便、配管短、水电供应方便处。当采用搅拌运输车供料时，混凝土输送泵应布置在大门附近，其周围最好能停放两辆搅拌车，以保证供料的连续性，避免停泵或吸入空气而产生气阻；当采用现场搅拌供应方式时，混凝土输送泵应靠近搅拌机，以便直接供料（需下沉输送泵或提高搅拌机）。

泵位直接影响配管长度、输送阻力和效率。布置时应尽量减少管道长度，少用弯管和软管。垂直向上的运输高度较大时，应使地面水平管的长度不小于垂直管长度的 1/4 且不小于 15m，否则应在距泵 3～5m 处设截止阀，以防止反流。倾斜向下输送时，地面水平管应转 90°弯，并在斜管上端设排气阀；高差大于 20m 时，斜管下端应有不少于 5 倍高差的水平管，或设弯管、环形管，以防止停泵时混凝土坠流而使泵管进气。

2. 搅拌站、加工棚、仓库和材料、构件的布置

现场搅拌站、仓库和材料、构件堆场的位置应尽量靠近使用地点且在垂直运输设备有效控制范围内，并考虑到运输和装卸料的方便。布置时，应根据用量大小分出主次。

（1）搅拌站

现场搅拌站包括混凝土（或砂浆）搅拌机、粗细骨料堆场、水泥库（罐）、白灰库、称量设施等。砂、石、水泥、石灰等拌合材料应围绕搅拌机布置，并根据上料及称量方式，确定其与搅拌机的关系。同时这些材料的堆场或库房应布置在道路附近，以方便材料进场。

有大体积混凝土基础时，搅拌站可布置在基坑边缘附近，待混凝土浇筑后再转移。搅拌站应搭设搅拌机棚，并设置排水沟和污水沉淀池。

为了减少拌合物的运距，搅拌站应尽可能布置在垂直运输机械附近。当用塔吊运输时，搅拌机的出料口宜在塔吊的服务范围之内，以便就地吊运；当采用泵送运输时，搅拌机的出料口在高度及距离上应能与输送泵良好配合，使拌合物能直接卸入输送泵的料斗内。

（2）加工棚和加工场

钢筋加工棚及加工场、木加工棚、水电及通风加工棚均可离建筑物稍远些，尽量避开塔吊，否则应搭设防护棚。各种加工棚附近应设有原材料及成品堆放场（库），原料堆放场地应考虑来料方便而靠近道路，成品堆放应便于向使用地点运输。如钢筋成品及组装好的模板等，应分门别类地存放在塔吊控制范围内。对产生较大噪声的加工棚（如搅拌棚、电锯房等），应采取隔声封闭措施。

（3）预制构件

根据起重机类型和吊装方法确定构件的布置。采用塔吊安装的多层结构，应将构件布置在塔吊服务范围内，且应按规格、型号分别存放，保证运输和使用方便。成垛堆放构件时，其高度应符合强度及稳定性要求，各垛间应保留检查、加工及起吊所要求的间距。

各种构件应根据施工进度安排及供应状况，分期分批配套进场，但现场存放量不宜少于两个流水段或一个楼层的用量。

（4）材料和仓库

仓库和材料堆场的面积应经计算确定，以适应各个施工阶段的需要。布置时，可按照材料使用的阶段性，在同一场地先后可堆放不同的材料。根据材料的性质、运输要求及用量大小布置时应注意以下几点：

1）对大宗的、重量大的和先期使用的材料，应尽可能靠近使用地点和起重机及道路，少量的、轻的和后期使用的可布置在稍远的地点。

2）对模板、脚手架等需周转使用的材料，应布置在装卸、吊运、整理方便且靠近拟建工程的地方。

3. 运输道路的布置

现场主要道路应尽可能利用已有道路，或先建好永久性道路的路基（待施工结束时再铺路面），不具备以上条件时应铺设临时道路。

现场道路应按材料、构件运输的需要，沿仓库和堆场进行布置。为使其畅行无阻，宜采用环形或"U"形布置，否则应在尽端处留有车辆回转场地。路面宽度应符合规定，单行道应为 3～4m，双车道不小于 5.5m；消防车道净宽和净空高度均不小于 4m。道路的转弯半径应满足运输车辆转弯要求，一般单车道不少于 9m，双车道不少于 7m。路基应经过设计，路面要高出施工场地 10～15 cm，雨季还应起拱。道路两侧设排水沟。

4. 行政管理及文化、生活、福利用临时设施的布置

这类临时设施包括：各种生产管理办公用房、会议室、警卫传达室、宿舍、食堂、开水房、医务、浴室、文化文娱室、福利性用房等。在能满足生产和生活的基本需求下，尽可能少建。如有可能，尽量利用已有设施或正式工程，以节约费用和场地。必须修建时，应根据需要确定面积，并进行必要的设计。

高层建筑施工需设有效容积不应少于 $10m^3$ 的蓄水池、不少于两台高压水泵以及施工输水立管和不少于 2 根不小于 100mm 管径的消防竖管。每个楼层均应设临时消防接口、消防水枪、水带及软管，消防接口的间距不应大于 30m。

5. 临时水电管网及设施的布置

（1）供水设施

临时供水要经过计算、设计，然后进行布置。单位工程的供水干管直径不应小于 100mm，支管径为 40mm 或 25mm。管线布置应使线路长度最短，常采用枝状布置。消防水管和生产、生活用水管可合并设置。管线宜暗埋，在使用点引出，并设置水龙头及阀门。管线宜沿路边布置，且不得妨碍在建或拟建工程施工。

消防用水一般利用城市或建设单位的永久性消防设施。如自行安排，应符合以下要求：消防水管线直径不小于 100mm；一般现场消火栓服务半径不大于 50m，消火栓宜布置在转弯处的路边，距路不大于 2m，距房屋不少于 5m 也不应大于 25m。消火栓周围 3m 之内不能堆料或有障碍物，并设置明显标志。

高层建筑施工需设蓄水池、高压水泵及施工输水立管和消防竖管，高压水泵应不少于两台（一台备用）；消防竖管管径不应小于 65mm；每两个楼层应设一个临时消火栓，每个消火栓的服务半径不大于 25m。

（2）排水设施

为了便于排除地面水和地下水，要及时修通永久性下水道，并结合现场地形和排水需要，设置明或暗排水沟。

（3）供电设施

临时用电包括施工用电（电动机、电焊机、电热器等）和照明用电。变压器应布置在现场边缘高压线接入处，离地应大于 50cm，在四周 1m 以外设置高度大于 1.7m 的围栏，并悬挂警告牌。配电线路宜布置在围墙边或路边，架空设置时电杆间距为 25～35m；架空高度不小于 4m（橡皮电缆不小于 2.5m），跨车道处不小于 6m；距建筑物或脚手架不小于 4m，距塔吊所吊物体的边缘不得小于 2m。不能满足上述距离要求或在塔吊控制范围内时，宜埋设电缆，深度不小于 0.6m，电缆上下均铺设不少于 50mm 厚的细砂，并覆盖砖、石等硬质保护层后再覆土，穿越道路或引出处应加设防护套管。

配电系统应设置配电柜或总配电箱、分配电箱、开关箱，实行三级配电。总配电箱下可设若干个分配电箱（分配电箱可设置多级）；一个分配电箱下可设若干个开关箱；每个开关箱只能控制一台设备。开关箱距用电器位置不得超过 3m，距分配电箱不超过 30m。固定式配电箱上部应设置防护棚，周围设保护围栏。

4.7.5　施工总平面图的绘制要求

施工总平面图的比例一般为 1∶1000 或 1∶2000，绘制时应使用规定的图例或以文字标明。在进行各项布置后，经综合分析比较，调整修改，形成施工总平面图，并作必要的文字说明，标上图例、比例、指北针等。完成的施工总平面图要比例正确，图例规范，字迹端正，线条粗细分明，图面整洁美观。

许多大型建设项目的建设工期很长，随着工程的进展，施工现场的面貌及需求将不断改变。因此，应按不同施工阶段分别绘制施工总平面图。

4.7.6　施工总平面图的管理

（1）建立科学的施工总平面图管理制度，划分总平面图的使用管理范围。各区各片有专人负责总平面的管理，严格控制各种材料、构件、机具的位置、占用时间和占用面积。

（2）实行施工总平面动态管理。定期召开总平面动态管理会议，奖优罚劣，协调各单位关系；定期对现场平面进行实际使用情况复核，修正不合理之处；随着不同的施工阶段，及时对施工总平面进行调整。

（3）做好现场的清理和维护工，不准随意挖断道路，不准擅自拆迁建筑物，大型临时设施和水电线路不得随意更改和移位。切实落实施工总平面图的各项要求，保证施工顺利进行。

4.8　施工管理计划与技术经济指标

4.8.1　主要施工管理计划的制定

施工管理计划包括进度管理计划、质量管理计划、安全管理计划、环境管理计划、成本管理计划以及其他管理计划等内容。在编制施工组织设计时，各项管理计划可单独成章，也可穿插在相应章节中。各项管理计划的制定，应根据项目的特点有所侧重。编制时，必须符合国家和地方政府部门有关要求，正确处理成本、进度、质量、安全和环境等之间的关系。

1. 进度管理计划

施工进度管理应按照项目施工的技术规律和合理的施工顺序，保证各工序在时间上和空间上顺利衔接。主要内容包括：

1）对施工进度计划进行逐级分解，通过阶段性目标的实现保证最终工期目标；

2）建立施工进度管理的组织机构并明确职责，制定相应管理制度；

3）针对不同施工阶段的特点，制定进度管理的相应措施，包括施工组织措施、技术措施和合同措施等；

4）建立施工进度动态管理机制，及时纠正施工过程中的进度偏差，并制定特殊情况下的赶工措施；

5）根据项目周边环境特点，制定相应的协调措施，减少外部因素对施工进度的影响。

2. 质量管理计划

质量管理计划应按照《质量管理体系要求》GB/T 19001，在施工单位质量管理体系的框架内编制。主要内容包括：

1）按照工程项目要求，确定质量目标并进行目标分解；

2）建立项目质量管理的组织机构并明确职责；

3）制定符合项目特点的技术和资源保障措施、防控措施（如原材料、构配件、机具的要求和检验，主要的施工工艺、主要的质量标准和检验方法，夏期、冬期和雨期施工的技术措施，关键过程、特殊过程、重点工序的质量保证措施，成品、半成品的保护措施，工作场所环境以及劳动力和资金保障措施等）；

4）建立质量过程检查制度，并对质量事故的处理作出相应规定。

3. 安全管理计划

建筑施工安全事故（危害）通常分为七大类：高处坠落、机械伤害、物体打击、坍塌倒塌、火灾爆炸、触电、窒息中毒。安全管理计划应针对项目具体情况，建立安全管理组织，制定相应的管理目标、管理制度、管理控制措施和应急预案等。安全管理计划可参照《职业健康安全管理体系规范》GB/T 28001，在施工单位安全管理体系的框架内编制。主要内容包括：

1）确定项目重要危险源，制定项目职业健康安全管理目标；

2）建立有管理层次的项目安全管理组织机构并明确职责；

3）根据项目特点，进行职业健康安全方面的资源配置；

4）建立具有针对性的安全生产管理制度和职工安全教育培训制度；

5）针对项目重要危险源，制定相应的安全技术措施；对达到一定规模的危险性较大的分部（分项）工程和特殊工种的作业，应制定专项安全技术措施的编制计划；

6）根据季节、气候的变化，制定相应的季节性安全施工措施；

7）建立现场安全检查制度，并对安全事故的处理做出相应规定。

4. 环境管理计划

施工中常见的环境因素包括大气污染、垃圾污染、施工机械的噪声和振动、光污染、放射性污染、生产及生活污水排放等。环境管理计划可参照《环境管理体系要求及使用指南》GB/T 24001，在施工单位环境管理体系的框架内编制。主要内容包括：

1）确定项目重要环境因素，制定项目环境管理目标；

2）建立项目环境管理的组织机构并明确职责；

3）根据项目特点，进行环境保护方面的资源配置；

4）制定现场环境保护的控制措施；

5）建立现场环境检查制度，并对环境事故的处理做出相应规定。

5. 成本管理计划

成本管理计划应以项目施工预算和施工进度计划为依据进行编制。主要内容包括：

1）根据项目施工预算，制定项目施工成本目标；

2）根据施工进度计划，对项目施工成本目标进行阶段分解；

3）建立施工成本管理的组织机构并明确职责，制定相应管理制度；

4）采取合理的技术、组织和合同等措施，控制施工成本；

5）确定科学的成本分析方法，制定必要的纠偏措施和风险控制措施。

6. 其他管理计划

其他管理计划宜包括绿色施工管理计划、防火保安管理计划、合同管理计划、组织协调管理计划、创优质工程管理计划、质量保修管理计划以及对施工现场人力资源、施工机具、材料设备等生产要素的管理计划等。

其他管理计划可根据项目的特点和复杂程度加以取舍。各项管理计划的内容应有目标，有组织机构，有资源配置，有管理制度和技术、组织措施等。

4.8.2　技术经济指标

在单位工程施工组织设计的编制基本完成后，通过计算各项技术经济指标，并反映在施工组织设计文件中，作为对施工组织设计评价和决策的依据。主要指标及计算方法如下。

（1）总工期

从破土动工至竣工的全部日历天数，它反映了施工组织能力与生产力水平，可与定额规定工期或同类工程工期相比较。

（2）单方用工

单方用工指完成单位合格产品所消耗的主要工种、辅助工种及准备工作的全部用工。它反映了施工企业的生产效率及管理水平，也可反映出不同施工方案对劳动量的需求。

$$单方用工 = \frac{总用工数（工日）}{建筑面积（m^2）} \tag{4-6}$$

（3）质量优良品率

这是施工组织设计中确定的重要控制目标，主要通过保证质量措施实现，可分别对单位工程、分部分项工程进行确定。

（4）主要材料（如三大材）节约指标

亦为施工组织设计中确定的控制目标，靠材料节约措施实现，包括：

$$主要材料节约量 = 预算用量 - 施工组织设计计划用量 \tag{4-7}$$

$$主要材料节约率 = \frac{主要材料计划节约额（元）}{主要材料预算金额（元）} \times 100\% \tag{4-8}$$

（5）大型机械耗用台班数及费用；反映机械化程度和机械利用率，通过以下两式计算；

$$单方耗用大型机械台班数 = \frac{耗用总台班（台班）}{建筑面积（m^2）} \qquad (4-9)$$

$$单方大型机械费用 = \frac{计划大型机械台班费（元）}{建筑面积（m^2）} \qquad (4-10)$$

（6）降低成本指标

$$降低成本额 = 预算成本 - 施工组织设计计划成本 \qquad (4-11)$$

$$降低成本率 = \frac{降低成本额（元）}{预算成本（元）} \times 100\% \qquad (4-12)$$

预算成本是根据施工图按预算价格计算的成本，计划成本是按施工组织设计所确定的施工成本。降低成本率的高低，可反映出不同施工组织设计所产生的不同经济效果。

本章小结

单位工程施工组织设计是一个工程的战略部署，是宏观定性的、体现指导性和原则性的，一个将建筑物蓝图转化为实物的文件。本章介绍了单位工程施工组织设计的编制内容、编制程序和编制方法，主要对施工部署、施工方案、施工进度计划和施工总平面图布置这四个单位工程施工组织设计中最重要的部分进行了详细地介绍。

施工部署是单位工程施工组织设计的纲领性内容，从总体上对整个单位工程进行全面安排和统筹规划，体现了“组织”特征。施工方案是单位工程施工组织设计中的核心内容，它必须从单位工程施工的全局出发，认真研究确定，体现了“技术”特征。施工进度计划是在项目总进度计划控制目标的原则下编制的，它主要体现各施工过程之间的时间安排，是单位工程进度控制的直接依据。施工总平面布置是为了正确处理全场施工期间所需各项设施和永久建筑与拟建工程之间的空间关系，从而指导现场实现有组织、有秩序和文明施工。

思考与练习题

4-1　单位工程施工组织设计包括哪些内容？

4-2　单位工程的工程概况一般应介绍哪些方面的内容？

4-3　施工部署的主要内容包括哪些？

4-4　施工方案的主要内容包括哪些？

4-5　试述现浇钢筋混凝土框架结构和剪力墙结构的施工顺序。

4-6　试述钢筋混凝土单层厂房的施工顺序。

4-7　如何合理地选择施工机械？

4-8　施工进度计划编制的主要步骤是什么？

4-9　施工总平面图的设计原则和设计步骤是什么？

第 5 章　建筑工程施工组织总设计

本章要点及学习目标

本章要点：

(1) 施工组织总设计的编制内容和编制程序；

(2) 施工组织总设计施工部署和项目主要施工方法的内容；

(3) 施工总进度计划和施工总平面图的编制步骤；

(4) 全场暂设工程的布置。

学习目标：

(1) 了解施工组织设计的编制内容和编制程序；

(2) 熟悉施工部署的内容；了解项目主要施工方法的内容；

(3) 了解施工总进度计划和施工总平面图的编制步骤；

(4) 熟悉全场暂设工程的布置。

5.1　概述

施工组织总设计是以若干单位工程组成的群体工程或特大型项目为主要对象（一个工厂、一个机场、一条道路、一个居住小区等）而编制的，用以指导项目全局的施工技术、经济和管理的综合性文件，对整个项目的施工过程起统筹规划、重点控制的作用。施工组织总设计由项目负责人主持编制，由总承包单位技术负责人审批。

5.1.1　施工组织总设计的编制依据

编制施工组织总设计一般以下列资料为依据：

1) 与工程建设有关的法律、法规和文件；

2) 国家现行有关标准和技术经济指标；

3) 工程所在地区行政主管部门的批准文件，建设单位对施工的要求；

4) 工程施工合同或招标投标文件；

5) 工程设计文件；

6) 工程施工范围内的现场条件、工程地质及水文地质、气象等自然条件；

7) 与工程有关的资源供应情况；

8) 施工企业的生产能力、机具设备状况、技术水平等。

5.1.2　施工组织总设计的内容

施工组织总设计的内容视工程性质、规模、建筑结构的特点、施工的复杂程度、工期要求及施工条件的不同而有所不同，通常包括：工程概况、总体施工部署、施工总进度计划、总体施工准备与主要资源配置计划、主要施工方法、施工总平面布置、主要技术经济指标（项目施工工期、劳动生产率、项目施工质量、项目施工成本、项目施工安全、机械化程度、预制化程度、暂设工程等）等内容。

1. 工程概况

工程概况应包括项目主要情况和项目主要施工条件等，在编制工程概况时，为了清晰易读，宜采用图表说明，见表5-1。

施工组织总设计工程概况涉及的内容　　　　表 5-1

序号	项目主要情况	项目主要施工条件
1	项目名称、性质、地理位置和建设规模	项目建设地点气象状况
2	项目的建设、勘察、设计和监理等相关单位的情况	项目施工区域地形和工程水文地质状况
3	项目设计概况	项目施工区域地上、地下管线及相邻的地上、地下建（构）筑物情况
4	项目承包范围及主要分包工程范围	与项目施工有关的道路、河流等状况
5	施工合同或招标文件对项目施工的重点要求	当地建筑材料、设备供应和交通运输等服务能力状况
6	其他应说明的情况	当地供电、供水、供热和通信能力状况

注：1. 项目性质可分为工业和民用两大类，应简要介绍项目的使用功能；

2. 建设规模可包括项目的占地总面积，投资规模（产量）、分期分批建设范围等；

3. 项目设计概况包括简要介绍项目的建筑面积、建筑高度、建筑层数、结构形式、建筑结构及装饰用料、建筑抗震设防烈度、安装工程和机电设备的配置等情况；

4. 项目建设地点气象状况包括简要介绍项目建设地点的气温、雨、雪、风和雷电等气象变化情况以及冬、雨期的期限和冬季土的冻结深度等情况；

5. 项目施工区域地形和工程水文地质状况包括简要介绍项目施工区域地形变化和绝对标高，地质构造、土的性质和类别、地基土的承载力，河流流量和水质，最高洪水和枯水期水位，地下水位的高低变化，含水层的厚度、流向、流量和水质等情况。

2. 总体施工部署

（1）宏观部署

1）确定项目施工总目标，包括进度、质量、安全、环境和成本目标；

2）根据项目施工总目标的要求，确定项目分阶段（期）交付的计划；

3）确定项目分阶段（期）施工的合理顺序及空间组织。

（2）其他部署

1）对于项目施工的重点和难点应进行分析，部署项目的主要施工方法

施工组织总设计要部署一些单位（子单位）工程和主要分部（分项）工程所采用的施工方法，这些工程通常是建筑工程中工程量大、施工难度大、工期长，对整个项目的完成

起关键作用的建（构）筑物以及影响全局的主要分部（分项）工程。

部署主要工程项目施工方法是为了进行技术和资源的准备工作，同时也为了施工进程的顺利开展和现场的合理布置，对施工方法的确定要兼顾技术工艺的先进性和可操作性以及经济上的合理性。

2）总承包单位项目管理组织机构形式部署

项目管理组织机构形式应根据施工项目的规模、复杂程度、专业特点、人员素质和地域范围确定。大中型项目宜设置矩阵式项目管理组织，远离企业管理层的大中型项目宜设置事业部式项目管理组织，小型项目宜设置直线职能式项目管理组织。

3）对于项目施工中开发和使用的新技术、新工艺应做出部署

根据现有的施工技术水平和管理水平，对项目施工中开发和使用的新技术、新工艺应做出规划并采取可行的技术、管理措施来满足工期和质量等要求。

4）对主要分包项目施工单位的资质和能力应提出明确部署要求

3. 施工总进度计划

施工总进度计划应按照项目总体施工部署的安排进行编制，一般采用网络图或横道图表示。

4. 总体施工准备与主要资源配置计划

（1）总体施工准备应包括技术准备、现场准备和资金准备等，这些准备还应满足项目分阶段（期）施工的需要

（2）主要资源配置计划应包括劳动力配置计划和物资配置计划等

1）劳动力配置计划包括：根据施工总进度计划确定各施工阶段（期）的总用工量，各施工阶段（期）的劳动力配置计划。

2）物资配置计划包括：根据总体施工部署和施工总进度计划确定的主要工程材料、设备、周转材料、施工机具的配置计划。

5. 主要施工方法

施工组织总设计应编制项目涉及的单位（子单位）工程和主要分部（分项）工程所采用的施工方法；尤其对脚手架工程、起重吊装工程、临时用水用电工程、季节性施工等专项工程所采用的施工方法必须进行专项设计。

6. 施工总平面布置图

施工总平面布置图是拟建项目在施工现场的总布置图，应按照项目分期（分批）施工计划进行布置，并绘制总平面置图。施工总平面布置图主要包括：项目施工用地范围内的地形状况；全部拟建的建（构）筑物和其他基础设施的位置；项目施工用地范围内的加工设施、运输设施、存贮设施、供电设施、供水供热设施、排水排污设施、临时施工道路和办公、生活用房等；施工现场必备的安全、消防、保卫和环境保护等设施；相邻的地上、地下既有建（构）筑物及相关环境。

5.1.3　施工组织总设计的编制程序

施工组织总设计的编制程序如图 5-1 所示。

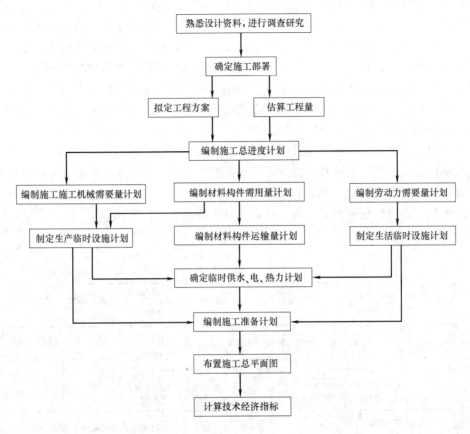

图 5-1　施工组织总设计编制程序

5.2　施工部署与项目主要施工方法

5.2.1　施工部署

　　施工部署是对整个建设项目从全局上做出的统筹规划和全面安排，它主要解决影响建设项目全局的重大问题，是施工组织总设计的核心，也是编制施工总进度计划、施工总平面图以及各种供应计划的基础。

　　施工部署在时间和空间上分别体现为施工总进度计划、施工总平面图，施工部署直接影响建设项目的进度、质量和成本三大目标。现实中往往由于施工部署考虑不周，造成施工过程中存在着各施工单位或队组相互影响、相互制约的情况，造成窝工和工效降低，从而拖延进度，影响质量，增加成本。施工组织总设计宏观部署的内容如下。

　　1. 确定项目施工总目标

　　根据合同约定，确定项目施工总目标，包括进度、质量、安全、环境和成本等目标，根据工期目标确定主要单位工程的施工开展顺序和开、竣工日期，明确重点项目和辅助项目的相互关系，明确土建施工、结构安装、设备安装等各项工作的相互配合，它一方面要满足工期，另一方面也要遵循一般的施工程序。

2. 施工项目分解，确定项目分阶段（期）交付的计划

建设项目通常是由若干个相对独立的投产或交付便用的子系统组成；如大型工业项目有主体生产系统、辅助生产系统和附属生产系统之分，住宅小区有居住建筑、服务性建筑和附属性建筑之分；可以相据项目施工总目标的要求，将建设项目划分为分期（分批）投产或交付使用的独立竣工系统；在保证总工期的前提下，实行分期分批建设，既可使各具体项目迅速建成，尽早投入使用，又可在全局上实现施工的连续性和均衡性，减少暂设工程数量，降低工程成本。

在项目管理中，一般通过项目结构图 WBS（work breakdown structure）将由总目标和总任务所定义的项目分解开，得到不同层次的项目单元。例如图 5-2 上海环球金融中心项目工作结构分解（WBS）图，该项目是由若干个子项目组成的超大型工程项目，每个子项目由数量众多的任务组成，每个任务又是由许多工作包组成。

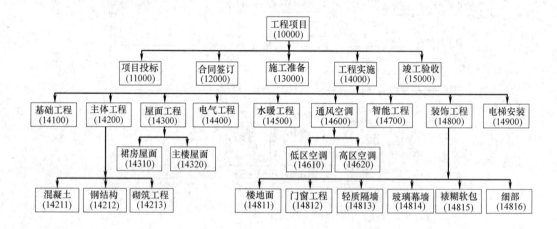

图 5-2   上海环球金融中心项目结构图

3. 确定项目分阶段（期）施工的合理顺序及空间组织

根据确定的项目分阶段（期）交付计划，合理地确定每个单位工程的开竣工时间，划分各参与施工单位的工作任务，明确各单位之间分工与协作的关系，确定综合的和专业化的施工组织，保证先后投产或交付使用的系统都能够正常运行。一般在确定施工开展顺序时，应主要考虑以下三点。

（1）在保证工期的前提下，实行分期分批建设，既可使各具体项目迅速建成，尽早投入使用，又可在全局上实现施工的连续性和均衡性，减少暂设工程数量，降低工程成本。至于分几期施工，各期工程包含哪些项目，应当根据业主要求、生产工艺的特点、工程规模大小和施工难易程度、资金、技术资源情况，由施工单位与业主共同研究确定。

【案例 5-1】某工程为高层公寓小区，由 9 栋高层公寓和地下车库、热力变电站、餐厅、幼儿园、物业管理楼、垃圾站等服务用房组成，如图 5-3 所示。

由于该施工项目为多栋号群体工程，工期比较长，按合同要求 9 栋公寓分三期交付使用，即每年竣工 3 栋。施工开展顺序安排：

1）一期车库从 5 号库开始（为 3 号楼开工创造条件），分别向 7 号及 1 号库方向流水；二期车库从 8 号库向 11 号库方向流水。

2）第一期高层公寓为3、4、5号楼；第二期高层公寓为6、1、2号楼；第三期高层公寓为9、8、7号楼。

3）对于独立式商业办公楼，可以从平面上将主楼和裙房分为两个不同的施工区段，从立面上再按层分解为多个流水施工段。

4）在设备安装阶段，按垂直方向进行施工段划分，每三层组成一个施工段，分别安排水、电、通风、消防等不同施工队的平行作业，定期进行空间交换。

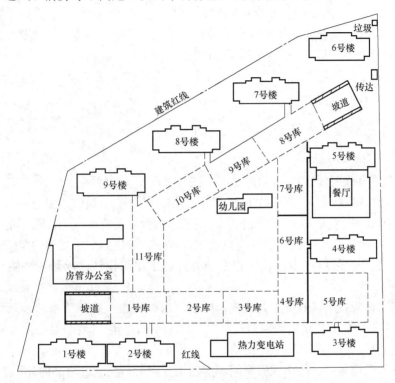

图 5-3 某高层公寓小区规划总平面

（2）所有工程项目均应按照先地下、后地上，先深后浅，先干线后支线的原则进行安排。如图 5-3 所示的工程公寓小区，根据前面确定的施工区段的划分，其施工开展顺序为：

1）第一期工程：地下车库，3号、4号、5号楼，热力变电站，餐厅。按照先地下、后地上的原则以及公寓竣工必须使用车库的要求，先行施工1～7号地下车库。车库基底深，为尽量缩短基坑暴露时间，先施工5号库（为3号楼开工创造条件），然后向1号及7号库方向流水。接着进行3号、4号、5号楼，热力变电站施工。热力变电站因其系小区供电供热的枢纽，须先期配套使用，而且该栋号设备安装工期长，设备安装需要提前插入。餐厅工程较小，可穿插在上述施工队伍空闲期间进行。

2）第二期工程：6号、1号、2号楼，房管办公楼，幼儿园，8～11号车库。先进行8～11号车库的施工。考虑到1号、2号楼所在位置的拆迁工作比较困难，故开工顺序为6号→1号→2号，幼儿园适时穿插安排。由于施工用地紧张，先将部分暂设房安排在准备第三期开工的 7 号、8 号、9 号楼位置上，房管楼出图后尽早安排开工，并在结构完成后只做简易装修，利用其作施工用房，拆除 7 号、8 号、9 号楼位置上的暂设工程，腾出工作面。

3）第三期工程：9 号、8 号、7 号楼。此 3 栋楼的开工顺序根据暂设房拆除的情况决定，计划先拆除混凝土搅拌站、操作棚，后拆除仓库、办公室，故开工栋号的顺序为 9 号→8 号→7 号。此外，传达室、垃圾站等工程调剂劳动力适时穿插安排。

4）小区管网为整体设计，布设的范围广、工程量大，普遍开工不能满足公寓分期交付使用的要求，故宜配合各期竣工栋号施工，并采取临时使用措施，以达到各阶段自成系统分期使用的目的。但每栋公寓基槽范围内的管线应在各自的回填土前完成。

（3）要考虑季节对施工的影响。例如大规模土方工程和深基础施工，最好避开雨期。寒冷地区入冬后转入室内设备安装作业。

5.2.2　项目主要施工方法

1. 项目主要施工方法

施工组织总设计要制定项目主要施工方法，主要针对工程量大、施工难度大、工期长，对整个项目的完成起关键作用的建（构）筑物以及影响全局的主要分部（分项）工程为主要对象编制的技术方案、工艺流程、组织措施、检验手段等，用以具体指导其施工过程，它直接影响施工进度、质量、安全以及工程成本。对达到一定规模的危险性较大的分部（分项）工程，必须编制专项施工方案或专项施工组织设计。项目主要施工方法具体包括：

1）施工工艺的技术参数、工艺流程、施工方法、检查验收等要求。涉及结构安全的专项方案或专项工程施工方法必须进行施工力学计算，并在方案中附相关计算书及相关图纸。

2）易发生质量通病、易出现安全问题、施工难度大、技术含量高的分项工程（工序）等编制的施工工法。

3）对开发、使用、企业自主创新的新技术、新工艺以及采用的新材料、新设备的理论研究、型式试验、实施方案论证鉴定等。

4）根据施工地点的实际气候特点，提出具有针对性的季节性施工措施。

2. 危险性较大的分部（分项）工程的主要施工方法

（1）危险性较大的分部（分项）工程范围

根据《建设工程安全生产管理条例》（国务院第 393 号令）规定及《危险性较大的分部分项工程安全管理办法》建质〔2009〕87 号文，危险性较大的分部（分项）工程范围包括：

1）基坑支护、土方开挖工程与降水工程

危险性较大：开挖深度超过 3m（含 3m）或虽未超过 3m 但地质条件和周边环境复杂的基坑（槽）支护、土方开挖工程、降水工程。

超过一定规模的危险性较大：开挖深度超过 5m（含 5m）的基坑（槽）的土方开挖、支护、降水工程；开挖深度虽未超过 5m，但地质条件、周围环境和地下管线复杂，或影响毗邻建筑（构筑）物安全的基坑（槽）的土方开挖、支护、降水工程。

2）模板工程

危险性较大：工具式模板（包括大模板、滑模、爬模、飞模等）；搭设高度 5m 及以上、跨度 10m 及以上、施工总荷载 10kN/m² 及以上、集中线荷载 15kN/m² 及以上、高度大于支撑水平投影宽度且相对独立无联系的混凝土模板支撑；用于钢结构安装等满堂支撑体系。

超过一定规模的危险性较大：工具式模板（包括滑模、爬模、飞模）；搭设高度 8m 及以上、搭设跨度 18m 及以上、施工总荷载 15kN/m² 及以上、集中线荷载 20kN/m² 及以上的混凝土模板支撑；用于钢结构安装等满堂支撑体系，承受单点集中荷载 700kg 以上。

3）起重吊装工程

危险性较大：采用非常规起重设备、方法，且单件起吊重量在 10kN 及以上的起重吊装工程；采用起重机械进行安装的工程；起重机械设备自身的安装、拆卸。

超过一定规模的危险性较大：采用非常规起重设备、方法，且单件起吊重量在 100kN 及以上的起重吊装工程；起重量 300kN 及以上的起重设备安装工程；高度 200m 及以上内爬起重设备的拆除工程。

4）脚手架工程

危险性较大：搭设高度 24m 及以上的落地式钢管脚手架工程；附着式整体和分片提升脚手架工程；悬挑式脚手架工程；吊篮脚手架工程；自制卸料平台、移动操作平台工程；新型及异型脚手架工程。

超过一定规模的危险性较大：搭设高度 50m 及以上落地式钢管脚手架工程；提升高度 150m 及以上附着式整体和分片提升脚手架工程；架体高度 20m 及以上悬挑式脚手架工程。

5）国务院建设行政主管部门或者其他有关部门规定的其他危险性较大的工程

危险性较大：建筑幕墙安装工程；钢结构、网架和索膜结构安装工程；人工挖扩孔桩工程；地下暗挖、顶管及水下作业工程；预应力工程；采用新技术、新工艺、新材料、新设备及尚无相关技术标准的危险性较大的分部（分项）工程。

超过一定规模的危险性较大：施工高度 50m 及以上的建筑幕墙安装工程；跨度大于 36m 及以上的钢结构安装工程；跨度大于 60m 及以上的网架和索膜结构安装工程；开挖深度超过 16m 的人工挖孔桩工程；地下暗挖工程、顶管工程、水下作业工程；采用新技术、新工艺、新材料、新设备及尚无相关技术标准的危险性较大的分部（分项）工程。

（2）专项方案与论证

施工单位应当在危险性较大的分部（分项）工程施工前编制专项方案，并附安全验算结果，经施工单位技术负责人、总监理工程师签字后实施；对于超过一定规模的危险性较大的分部（分项）工程，施工单位应当组织专家对专项方案进行论证。除《建设工程安全生产管理条例》中规定的分部（分项）工程外，施工单位还应根据项目特点和地方政府部门有关规定，对具有一定规模的重点、难点分部（分项）工程进行相关论证，例如施工临时用电专项方案。

5.3　施工总进度计划

项目施工总进度计划是以建设项目或群体工程为对象，是对全工地的所有单位工程施工活动进行的时间安排。即根据施工部署的要求，合理确定工程项目施工的先后顺序、开工和竣工日期、施工期限和它们之间的搭接关系。因此，正确地编制施工总进度计划是保证各项目以及整个建设工程按期交付使用、充分发挥投资效益、降低建筑工程成本的重要条件。

施工总进度计划的内容应包括：编制说明，施工总进度计划表（图），分期（分批）实施工程的开、竣工日期及工期一览表等。

5.3.1　施工总进度计划的编制原则

（1）合理安排各单位工程的施工顺序，保证在劳动力、物资以及资源消耗量最少的情况下，按规定工期完成施工任务。

（2）处理好配套建设安排，充分发挥投资效益。在工业建设项目施工安排时，要认真研究生产车间和辅助车间之间、原料与成品之间、动力设施和加工部门之间、生产性建筑和非生产性建筑之间的先后顺序，有意识地做好协调配套，形成完整的生产系统；民用建筑也要解决好供水、供电、供暖、通信、市政、交通等工程的同步建设。

（3）区分各项工程的轻重缓急，分批开工，分批竣工，把工艺调试在前的、占用工期较长的、工程难度较大的项目排在前面。所有单位工程，都要考虑土建、安装的交叉作业，组织流水施工，既能保证重点，又能实现连续、均衡施工的目的。

（4）充分考虑当地气候条件，尽可能减少冬雨期施工的附加费用。如大规模土方和深基础施工应避开雨期，现浇混凝土结构应避开冬期，高空作业应避开风期等。

（5）总进度计划的安排还应遵守技术法规、标准，符合安全、文明施工的要求，并应尽可能做到各种资源的均衡供应。

5.3.2　施工总进度计划的编制步骤

根据《建设工程项目管理规范》GB/T 50326—2006 第 9.2.5 规定，编制进度计划的编制步骤为：确定进度计划的目标、性质和任务→进行工作分解→收集编制依据→确定工作的起止时间及里程碑→处理各工作之间的逻辑关系→编制进度表→编制进度说明书→编制资源需要量及供应平衡表→报有关部门批准。

具体编制方法：

1. 列出工程项目一览表，计算工程量

施工总进度计划主要起控制总工期的作用，因此项目划分不宜过细，可按照确定的主要工程项目的开展顺序排列，一些附属项目、辅助工程及临时设施可以合并列出。

在工程项目一览表的基础上，计算各主要项目的实物工程量。将计算的工程量填入统一的工程量汇总表中，见表 5-2。

工程项目工程量汇总表　　　　表 5-2

工程项目分类	工程项目名称	结构类型	建筑面积	幢数	概算投资	主要实物工程量								
						场地平整	土方工程	桩基工程	…	砖石工程	钢筋混凝土工程	…	装饰工程	…
			1000m²	个	万元	1000m²	1000m³	1000m³		1000m³	1000m³		1000m³	
全工地性工程														
主体项目														
辅助项目														
永久住宅														
临时建筑														
	合计													

2. 确定各单位工程的施工期限

单位工程的施工期限应根据建筑类型、结构特征、体积大小和现场地形、地质、环境条件以及施工单位的具体条件，依据合同及参考工期定额确定各单位工程的施工期限。

3. 确定各单位工程的开工、竣工时间和相互搭接关系

根据施工部署及单位工程施工期限，安排各单位工程的开、竣工时间和相互搭接关系。

4. 编制施工总进度计划

施工总进度计划可使用文字说明、里程碑表、工作量表、横道计划、网络计划等方法。作业性进度计划必须采用网络计划方法或横道计划方法。横道图表达施工总进度计划时，项目的排列可按施工总体方案所确定的工程展开程序排列横道图，并标明各施工项目开、竣工时间及其施工持续时间。

采用时间坐标网络图表达施工总进度计划，不仅比横道图更加直观明了，而且还可以表达出各施工项目之间的逻辑关系，图 5-4 为某住宅项目二期三标段施工总进度计划。

5. 施工总进度计划的调整和修正

施工总进度计划编制完后，尚需检查各单位工程的施工时间和施工顺序是否合理，总工期是否满足规定的要求，劳动力、材料及设备需要量是否出现较大的不均衡现象等。

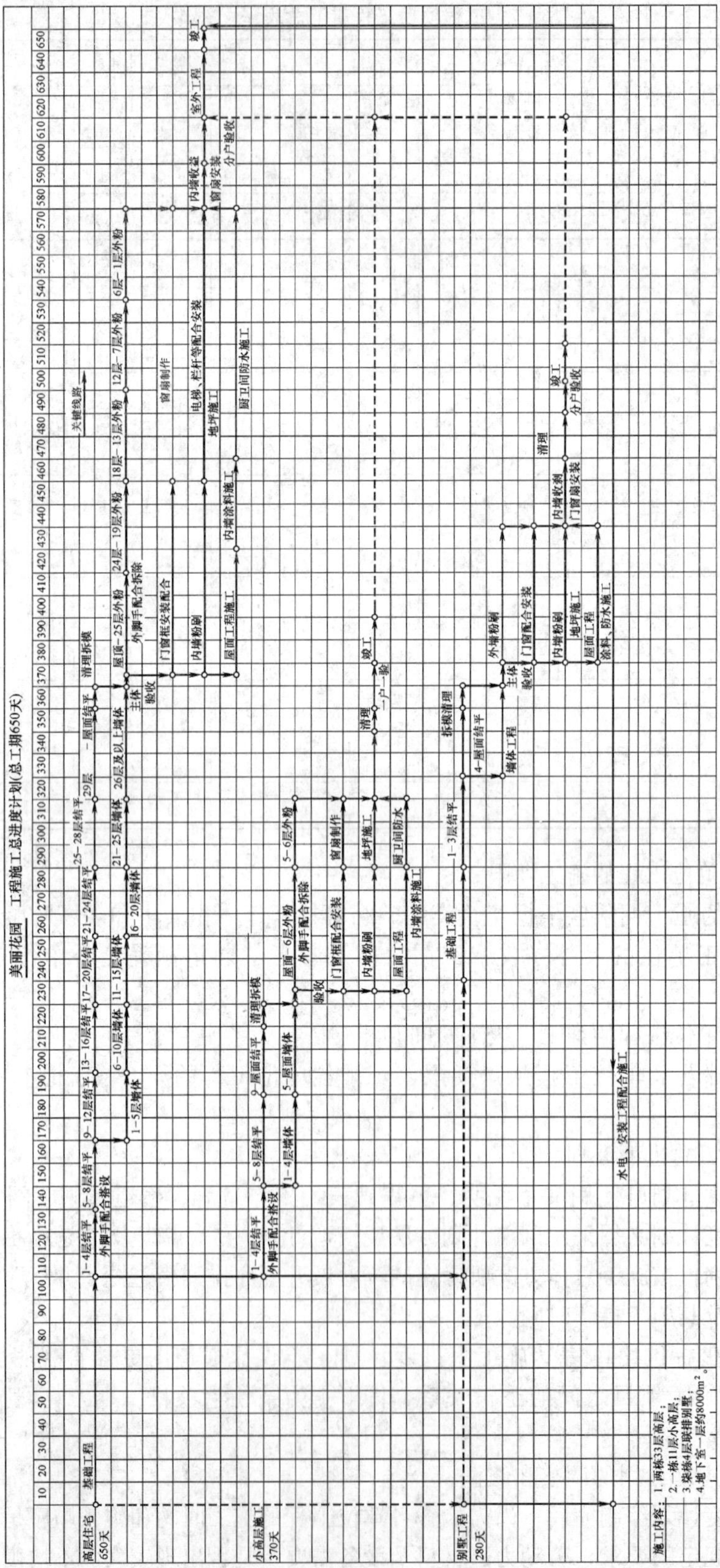

图 5-4　美丽花园住宅小区二期二标段施工总进度计划

利用资源需要量动态曲线分析项目资源需求量是否均衡，若曲线上存在较大的高峰或低谷，则表明在该时间里各种资源的需求量变化较大，需要调整和修正一些单位工程的施工速度或开竣工时间，增加或缩短某些分项工程（或施工项目）的施工持续时间，在施工工艺允许的情况下，还可以改变施工方法和施工组织，以便消除高峰或低谷，使各个时期的资源需求量尽量达到均衡。

5.4 总体施工准备和资源配置计划

5.4.1 总体施工准备的意义

1. 遵循建筑施工程序

项目建设的总程序是按照规划、设计和施工等几个阶段进行的。施工阶段又可分为施工准备、土建施工、设备安装和交工验收等几个阶段，这是由工程项目建设的客观规律决定的。只有认真做好施工准备工作，才能保证工程顺利开工和施工的正常进行，才能保质、保量、按期交工，才能取得如期的投资效果。

2. 降低施工风险

工程项目施工受外界干扰和自然因素的影响较大，因而施工中可能遇到的风险较多。施工准备工作是根据周密的科学分析和多年积累的施工经验来确定的，具有一定的预见性。因此，只有充分做好施工准备工作，采取预防措施，加强应变能力，才能有效地防范和规避风险，降低风险损失。

3. 创造工程开工和顺利施工条件

施工准备工作的基本任务是为拟建工程施工建立必要的技术、物质、组织和管理条件，统筹组织施工力量和合理布置施工现场，综合协调组织关系，加强风险防范和管理，为拟建工程按时开工和持续施工创造条件。

4. 提高企业经济效益

认真做好工程项目施工准备工作，能调动各方面的积极因素，合理组织资源，加快施工进度，提高工程质量，降低工程成本，从而提高企业经济效益和社会效益。

实践经验证明，严格遵守施工程序，按照客观规律组织施工，及时做好各项施工准备工作，是工程施工能够顺利进行和圆满完成施工任务的重要保证。如果违背施工程序而不重视施工准备工作，必然给工程的施工带来诸多问题，例如窝工、停工、延长工期，引起不应有的经济损失。

5.4.2 施工准备工作的分类

1. 按施工准备工作的范围分类

（1）全场性施工准备。它是以一个建筑工地为对象而进行的各项施工准备工作，其目的和内容都是为全场性施工服务的，同时也兼顾单位工程施工条件的准备工作。

（2）单位工程施工条件的准备。它是以一个建筑物或构筑物为对象而进行的各项准备工作，其目的和内容都是为该单位工程创造施工条件做准备工作，确保单位工程按期开工和持续施工，同时也兼顾为分部分项工程施工条件的准备工作。

（3）分部分项工程作业条件的准备。它是以一个分部或分项工程为对象而进行的各项作业条件的准备工作。

2. 按拟建工程的施工阶段分类

（1）开工前的施工准备。它是拟建工程开工前所进行的各项施工准备工作，其目的是为拟建工程正式开工和在一定的时间内持续施工创造必要的施工条件。它包括全场性施工准备和单位工程施工条件的准备。

（2）各施工阶段施工前的准备。它是拟建工程开工后，每个施工阶段正式开工前所做的各项施工准备工作，其目的是为各施工阶段正式开工创造必要的条件。如一般民用建筑工程施工，可分为地基与基础工程、主体工程、屋面工程和装饰装修工程等施工阶段，每个施工阶段的施工内容不同，所需要的技术条件、物资条件、施工方法、组织措施及现场平面布置等方面也就不同，所以，每个施工阶段开始前，均要做好相应的施工准备工作。

由此可以看出，不仅在拟建工程开工之前要做好施工准备工作，而且随着工程施工的进展，在各施工阶段开工之前也要做好施工准备工作。施工准备工作既有阶段性，又有连续性，因此施工准备工作必须有计划、有步骤、分期、分阶段地进行，要贯穿拟建工程整个建造过程的始终。

5.4.3　总体施工准备工作的内容

总体施工准备应包括技术准备、现场准备和资金准备等。技术准备包括施工过程所需技术资料的准备、施工方案编制计划、试验检验及设备调试工作计划等；现场准备包括现场生产、生活等临时设施，如临时生产、生活用房，临时道路、材料堆放场、临时用水、用电和供热、供气等的计划；资金准备应根据施工总进度计划编制资金使用计划。

在工程实践中，一般工程的施工准备工作其内容见图 5-5。

各项工程施工准备工作的具体内容，视该工程情况及其已具备的条件而异。有的比较简单，有的却十分复杂。不同的工程，因工程的特殊需要和特殊条件而对施工准备工作提出各不相同的具体要求。只有按照施工项目的特点来确定准备工作的内容，并拟定具体的、分阶段的施工准备工作实施计划，才能充分地为施工创造一切必要的条件。

1. 施工管理组织准备

施工管理组织准备是确保拟建工程能够优质、安全、低成本、高速度地按期建成的必要条件。其主要内容包括：建立拟建项目的领导机构；集结精干的施工队伍；加强职业培训和技术交底工作；建立健全各项管理制度。

（1）建立拟建项目的项目经理部。项目经理部组织机构形式应根据施工项目的规模、复杂程度、专业特点、人员素质和地域范围确定，大中型项目宜设置矩阵式，远离企业管理层的大中型项目宜设置事业部式，小型项目宜设置直线职能式。对于一般的单位工程，可配置项目经理、技术员、施工员、质检员、安全员、资料员等。

（2）落实项目经理责任制，签订项目管理目标责任书。

（3）集结精干的施工队伍。建筑安装工程施工队伍主要有基本、专业和外包施工队伍三种类型。基本施工队伍是建筑施工企业组织施工生产的主力，应根据工程的特点、施工

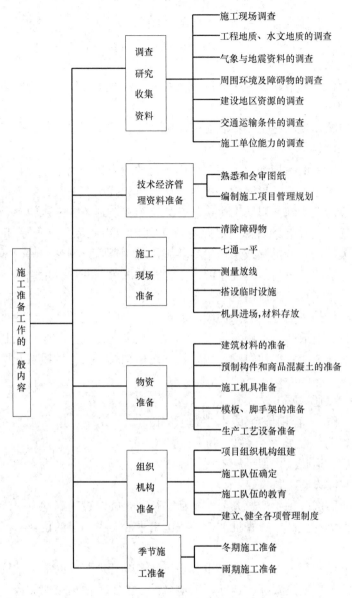

图 5-5 施工准备工作内容

方法和流水施工的要求恰当地选择劳动组织形式。土建工程施工一般采用混合施工班组较好，其特点是：人员配备少，工人以本工种为主，兼做其他工作，施工过程之间搭接比较紧凑，劳动效率高，也便于组织流水施工。

专业施工队伍主要用来承担机械化施工的土方工程、吊装工程、钢筋气压焊施工和大型单位工程内部的机电安装、消防、空调、通信系统等设备安装工程，也可将这些专业性较强的工程外包给其他专业施工单位来完成。

2. 技术准备

技术准备应包括施工所需技术资料的准备、施工方案编制计划、试验检验及设备调试工作计划、样板制作计划等。

（1）主要分部（分项）工程和专项工程在施工前应单独编制施工方案，施工方案可根据工程进展情况，分阶段编制完成；对需要编制的主要施工方案应制定编制计划。

（2）试验检验及设备调试工作计划应根据现行规范、标准中的有关要求及工程规模、进度等实际情况制定。

（3）样板制作计划应根据施工合同或招标文件的要求并结合工程特点制定。

3. 现场准备

现场准备应根据现场施工条件和工程实际需要，准备现场生产、生活等临时设施。

（1）拆除障碍物

拆除施工范围内的一切地上、地下妨碍施工的障碍物，通常是由建设单位来完成，但有时也委托施工单位完成。拆除障碍物时，必须事先找全有关资料，摸清底细；资料不全时，应采取相应防范措施，以防发生事故。架空线路、地下自来水管道、污水管道、燃气管道、电力与通信电缆等的拆除，必须与有关部门取得联系，并办好相关手续后方可进行。最好由有关部门自行拆除或承包给专业施工单位拆除。现场内的树木应报园林部门批准后方可砍伐。拆除房屋时必须在水源、电源、气源等截断后方可进行。

（2）做好施工场地的控制网测量与放线工作

按照设计单位提供的建筑总平面图和城市规划部门给定的建筑红线桩或控制轴线桩及标准水准点进行测量放线，在施工现场范围内建立平面控制网、标高控制网，并对其桩位进行保护；同时还要测定出建筑物、构筑物的定位轴线、其他轴线及开挖线等，并对其桩位进行保护。

（3）搞好"三通一平"

"三通"包括在工程用地范围内，接通施工用水、用电、道路。"一平"是指平整场地。此外，根据工程需要及条件，可以通信（电话、传真、宽带网络、电视）、通燃气（煤气或天然气）、通暖气、保证施工现场排水及排污畅通。

（4）搭设临时设施

施工现场所需的各种生产、办公、生活、福利等临时设施，均应报请规划、市政、消防、交通、环保等有关部门审查批准，并按施工平面图中确定的位置、尺寸搭设，不得乱搭乱建。

为了施工方便和行人安全，应采用符合当地市容管理要求的围护结构将施工现场围起来，并在主要出入口处设置标牌，标明工地名称、施工单位、工地负责人等内容。

（5）安装调试施工机具，做好建筑材料、构配件等的存放工作

按照施工机具的需要量及供应计划，组织施工机具进场，并安置在施工平面图规定的地点或库棚内。固定的机具就位后，应做好搭棚、接通电源水源、保养和调试工作。所有施工机具都必须在正式使用之前进行检查和试运转，以确保正常使用。

按照建筑材料、构配件和制品的需要及供应计划，分期分批地组织进场，并按施工平面图规定的位置和存放方式存放。为了确保工程质量和施工安全，施工物资进场验收和使用时，还应注意以下四个问题：

1）无出厂合格证明或没有按规定进行复验的原材料、不合格的建筑构配件，一律不得进场和使用。严格执行施工物资的进场检查验收制度，杜绝假冒低劣产品进入施工现场。

2）施工过程中要注意查验各种材料、构配件的质量和使用情况，对不符合质量要求、与原试验检测品种不符或有怀疑的，应提出复检或化学检验的要求。

3）现场配制的混凝土、砂浆、防水材料、耐火材料、绝缘材料、保温隔热材料、防腐蚀材料、润滑材料以及各种掺合料、外加剂等，使用前均应由试验室确定原材料的规格和配合比，并制定出相应的操作方法和检验标准后方可使用。

4）进场的机械设备，必须进行开箱检查验收，产品的规格、型号、生产厂家和地点、出厂日期等，必须与设计要求完全一致。

（6）季节性施工准备

1）冬期施工准备工作的主要内容。包括各种热源设备、保温材料的贮存、供应以及司炉工等设备操作管理人员的培训工作；砂浆、混凝土的各项测温准备工作；室内施工项目的保暖防冻、室外给水排水管道等设施的保温防冻、每天完工部位的防冻保护等准备工作；冬期到来之前，尽量贮存足够的建筑材料、构配件和保温用品等物资，节约冬期施工运输费用；防止施工道路积水成冰，及时清除冰雪，确保道路畅通；加强冬期施工安全教育，落实安全、消防措施。

合理选择安排冬期施工项目。冬期施工条件差、技术要求高、施工质量不容易保证，同时还要增加施工费用。因此要求：尽量安排冬施费用增加不多、又能比较容易保证施工质量的施工项目在冬期施工，如吊装工程、打桩工程和室内装修工程等；尽量不安排冬施费用增加较多、又不易保证施工质量的项目在冬期施工，如土方工程、基础工程、屋面防水工程和室外装饰工程；对于那些冬施费用增加稍多一些，但采用适当的技术、组织措施后能保证施工质量的施工项目，也可以考虑安排在冬期施工，如砌筑工程、现浇钢筋混凝土工程等。

2）雨期施工准备

合理安排雨期施工项目，尽量把不宜在雨期施工的土方、基础工程安排在雨期到来之前完成，并预留出一定数量的室内装修等雨天也能施工的工程，以备雨天室外无法施工时转入室内装修施工；做好施工现场排水、施工道路的维护工作；做好施工物资的贮运保管、施工机具设备的保护等防雨措施；加强雨期施工安全教育，落实安全措施。

3）夏季施工准备

夏季气温高、干燥，应编制夏季施工方案及采取的技术措施，做好防雷、避雷工作，此外还必须做好施工人员的防暑降温工作。

（7）设置消防、保安设施和机构

按照施工组织设计的要求和施工平面图确定的位置设置消防设施和施工安全设施，建立消防、保安等组织机构，制定有关的规章制度和消防、保安措施。

4. 资金准备

资金准备应根据施工进度计划编制资金使用计划。

5.5　全场临设工程

为满足工程项目施工需要，在工程正式开工之前，应按照工程项目施工准备工作计划，本着有利施工、方便生活、勤俭节约和安全使用的原则，统筹规划，合理布局，及时完成施工现场的暂设工程，为工程项目的顺利实施创造良好的施工环境。暂设工程一般有：

(1) 工地加工厂：混凝土搅拌站、混凝土预制厂、材料加工厂、钢筋加工厂等。

(2) 工地仓库：水泥库、设备库、材料库、施工机械库等。

(3) 工地运输：厂内外道路、铁路、运输工具等。

(4) 办公及福利设施：生活福利建筑、办公用房、宿舍、食堂、医务所等。

(5) 工地临时供水：临时性水泵房、水井、水池、供水管道、消防设施等。

(6) 工地临时供电：临时性用电、变电所等。

5.5.1　工地加工厂

1. 加工厂的类型和结构

工地加工厂类型主要有：钢筋混凝土构件加工厂、木材加工厂、模板加工车间、粗（细）木加工车间、钢筋加工厂、金属结构构件加工厂和机械修理车间等，对于公路、桥梁路面工程还需有沥青混凝土加工厂。工地加工厂的结构形式，应根据使用情况和当地条件而定，一般宜采用拆装式活动房屋。

2. 加工厂面积的确定

(1) 对于混凝土搅拌站、混凝土预制构件厂、综合木工加工厂、锯木车间、模板加工厂、钢筋加工厂等，其建筑面积可按下式计算：

$$F = \frac{K_1 \cdot Q}{K_2 \cdot T \cdot S} = \frac{K_1 \cdot Q \cdot f}{K_2} \tag{5-1}$$

式中　F——加工厂的建筑面积（m^2）；

　　　K_1——加工量的不均衡系数，一般取 $K_1 = 1.3 \sim 1.5$；

　　　Q——加工总量（m^3 或 t）；

　　　T——加工总时间（月）；

　　　S——每平方米加工厂面积上的月平均加工量定额 [$m^3/(m^2 \cdot$ 月）或 $t/(m^2 \cdot$ 月）]；

　　　K_2——加工厂建筑面积或占地面积的有效利用系数，一般取 $K_2 = 0.6 \sim 0.7$；

　　　f——加工厂完成单位加工产量所需的建筑面积定额（m^2/m^3 或 m^2/t），查表 5-3 可得。

临时加工厂所需面积参考指标　　　　　　　　　　　　　　表 5-3

序号	加工厂名称	年产量		单位产量所需建筑面积	占地总面积（m^2）	备　注
		单位	数量			
1	混凝土搅拌站	m^3	3200	0.002(m^2/m^3)	按砂石堆场考虑	4001 搅拌机 2 台
		m^3	4800	0.021(m^2/m^3)		4001 搅拌机 3 台
		m^3	6400	0.020(m^2/m^3)		4001 搅拌机 4 台
2	临时性混凝土预制厂	m^3	1000	0.25(m^2/m^3)	2000	生产屋面板和中小型梁柱板等，配有蒸养设施
		m^3	2000	0.20(m^2/m^3)	3000	
		m^3	3000	0.15(m^2/m^3)	4000	
		m^3	5000	0.125(m^2/m^3)	小于 6000	

续表

序号	加工厂名称	年产量		单位产量所需建筑面积	占地总面积（m²）	备　注
		单位	数量			
	钢筋加工厂	t	200	0.35(m²/t)	280～560	加工、成型、焊接
		t	500	0.25(m²/t)	380～750	
		t	1000	0.20(m²/t)	400～800	
		t	2000	0.15(m²/t)	450～900	
3	现场钢筋调直冷拉拉直场			所需场地(m×m) 70～80×3～4		
	钢筋冷加工 剪断机 弯曲机φ12以下 弯曲机φ40以下			所需场地(m²/台) 30～40 50～60 60～70		按一批加工数量计算

（2）其他各类加工厂、机修车间、机械停放场等占地面积需参考表5-4、表5-5确定。

现场作业棚所需面积指标　　　　　表5-4

序号	名　称	单位	面积(m²)	备　注
1	木工作业棚	m²/人	2	占地为建筑面积2～3倍
2	电锯房	m²	80	86～92cm圆锯1台
3	电锯房	m²	40	小圆锯1台
4	钢筋作业棚	m²/人	3	占地为建筑面积3～4倍
5	搅拌棚	m²/台	10～18	
6	卷扬机棚	m²/台	6～12	
7	烘炉房	m²	30～40	
8	焊工房	m²	20～40	
9	电工房	m²	15	
10	白铁工房	m²	20	
11	油漆工房	m²	20	
12	机工、钳工修理房	m²	20	
13	立式锅炉房	m²/台	5～10	
14	发电机房	m²/kW	0.2～0.3	
15	水泵房	m²/台	3～8	
16	空压机房(移动式)	m²/台	18～30	
	空压机房(固定式)	m²/台	9～15	

现场机修站、停放场所需面积参考指标　　　　　表5-5

序号	施工机械名称	所需场地（m²/台）	存放方式	检修间所需建筑面积	
				内容	数量(m²)
	一、起重、土方机械类			10～20台设一个检修台位(每增加20台增设一个检修台位)	200（增加150）
1	塔式起重机	200～300	露天		
2	履带式起重机	100～150	露天		
3	履带式、正铲、反铲、拖式铲运机、轮胎式起重机	75～100	露天		
4	推土机、压路机	25～35	露天		
5	汽车式起重机	20～30	露天或室内		

续表

序号	施工机械名称	所需场地 （m²/台）	存放方式	检修间所需建筑面积	
				内容	数量（m²）
6 7	二、运输机械类 汽车（室内） （室外） 平板拖车	20～30 40～60 100～150	一般情况下 室内不小于 10%	每20台设一个检 修台位（每增加一个 检修台位）	170 （增加160）
8	三、其他机械类 搅拌机、卷扬机 电焊机、电动机 水泵、空压机、油泵、小型吊车等	4～6	一般情况下， 室内占30%， 露天占70%	每50台设一个检 修台位（每增加一个 检修台位）	50 （增加50）

5.5.2　工地仓库

1. 仓库的类型和结构

（1）仓库的类型

建筑工程所用仓库按其用途分为以下四种：

1）转运仓库：设在火车站、码头附近用来转运货物。

2）中心仓库：用以储存整个工程项目工地、地域性施工企业所需的材料。

3）现场仓库（包括堆场）：专为某项工程服务的仓库，一般建在现场。

4）加工厂仓库：用以某加工厂储存原材料、已加工的半成品、构件等。

（2）仓库的结构形式

1）露天仓库：用于堆放不因自然条件而受影响的材料。如砂、石、混凝土构件等。

2）库房：用于堆放易受自然条件影响而发生性能、质量变化的材料。如金属材料、水泥、贵重的建筑材料、五金材料、易燃、易碎品等。

2. 仓库面积的确定

$$A = \varphi \times m \tag{5-2}$$

式中　φ——系数（m²/人，m²/万元）；

　　　m——计算基础数（生产工人数，全年计划工作量）。

按系数计算仓库面积表   表 5-6

序号	名称	计算基础数 m	单位	系数 φ
1	仓库（综合）	按工地全员	m²/人	0.7～0.8
2	水泥库	按当年水泥用量的40%～50%	m²/t	0.7
3	其他仓库	按当年工作量	m²/万元	2～3
4	五金杂品库	按年建安工作量计算时	m²/万元	0.2～0.3
		按在建建筑面积计算时	m²/100m²	0.5～1
5	土建工具库	按高峰年（季）平均人数	m²/人	0.10～0.20
6	水暖器材库	按年在建建筑面积	m²/100m²	0.20～0.40
7	电器器材库	按年在建建筑面积	m²/100m²	0.3～0.5
8	化工油漆危险品仓库	按年建安工作量	m²/万元	0.1～0.15
9	三大工具堆材 （脚手、跳板、模板）	按年在建建筑面积 按年建安工作量	m²/100m² m²/万元	1～2 0.5～1

5.5.3 工地运输

工地的运输方式有铁路运输、公路运输、水路运输等。在选择运输方式时，应考虑各种影响因素，如运量的大小、运距的长短、运输费用、货物的性质、路况及运输条件、自然条件等。

一般情况下，尽量利用已有的永久性道路。当货运量大且距国家铁路较近时，宜铁路运输；当地势复杂且附近又没有铁路时，考虑汽车运输；当货运量不大且运距较近时，宜采用汽车运输；有水运条件的可采用水运。

5.5.4 办公、生活福利设施

1. 办公、生活福利设施①

《施工现场临时建筑物技术规程》JGJT 188—2009 建筑设计规定：

（1）办公设施

1）办公用房宜包括办公室、会议室、资料室、档案室等。

2）办公用房室内净高不应低于 2.5m。

3）办公室的人均使用面积不宜小于 $4m^2$，会议室使用面积不宜小于 $30m^2$。

（2）宿舍设施

1）宿舍内应保证必要的生活空间，人均使用面积不宜小于 $2.5m^2$。室内净高不应低于 2.5m。每间宿舍居住人数不宜超过 16 人。

2）宿舍内应设置单人铺，层铺的搭设不应超过 2 层。

3）宿舍内宜配置生活用品专柜，宿舍门外宜配置鞋柜或鞋架。

（3）食堂设施

1）食堂与厕所、垃圾站等污染源的地方的距离不宜小于 15m，且不应设在污染源的下风侧。

2）食堂宜采用单层结构，顶棚宜采用吊顶。

---

① 《建设工程施工现场消防安全技术规范》GB 50720—2011 规定：

4.2.1 办公用房、宿舍的防火设计应符合下列规定：

1. 建筑构件的燃烧性能应为 A 级，当采用金属夹芯板材时，其芯材的燃烧性能等级应为 A 级；2. 层数不应超过 3 层，每层建筑面积不应大于 $300m^2$；3. 层数为 3 层或每层建筑面积大于 $200m^2$ 时，应至少设置 2 部疏散楼梯，房间疏散门至疏散楼梯的最大距离不应大于 25m；4. 单面布置用房时，疏散走道的净宽度不应小于 1m；双面布置用房时，疏散走道净宽度不应小于 1.5m。5. 疏散楼梯的净宽度不应小于疏散走道的净宽度；6. 宿舍房间的建筑面积不应大于 $30m^2$，其他房间的建筑面积不宜大于 $100m^2$；7. 房间内任一点至最近散门的距离不应大于 15m，房门的净宽度不应大于 0.8m；房间超过 $50m^2$ 时，房门净宽度不应小于 1.2m；8. 隔墙应从楼地面基层隔断至顶板基层底面。

4.2.2 发电机房、变配电房、厨房操作间、锅炉房、可燃材料库房和易燃易爆危险品库房的防火设计应符合下列规定：

1. 建筑构件的燃烧性能等级应为 A 级；2. 层数为 1 层，建筑面积不应大于 $200m^2$；3. 可燃材料库房单个房间建筑面积不应超过 $30m^2$，易燃易爆危险品库房单个房间建筑面积不应超过 $20m^2$；4. 房间内任一点至最近散门的距离不应大于 10m，房门的净宽度不应大于 0.8m。

4.2.3 其他防火设计应符合下列规定：

1. 宿舍、办公用房不应与厨房操作间、锅炉房、变配电房等组合建造；2. 会议室、娱乐室等人员密集房间应设置在临时用房的一层，其疏散门应向疏散方向开启。

3）食堂应设置独立的制作间、售菜（饭）间、储藏间和燃气罐存放间。

4）制作间应设置冲洗池、清洗池、消毒池、隔油池；灶台及周边应贴白色瓷砖，高度不宜低于 1.5m；地面应做硬化和防滑处理。

5）食堂应配备必要的排风设施和消毒设施。制作间油烟应处理后对外排放。

6）食堂应设置密闭式泔水桶。

（4）厕所、盥洗室、浴室设施

1）施工现场应设置自动水冲式或移动式厕所。

2）厕所的厕位设置应满足男厕每 50 人、女厕每 25 人设 1 个蹲便器，男厕每 50 人设 1m 长小便槽的要求。蹲便器间距不小于 900mm，蹲位之间宜设置隔板，隔板高度不低于 900mm。

3）盥洗间应设置盥洗池和水嘴。水嘴与员工的比例为 1∶20，水嘴间距不小于 700mm。

4）淋浴间的淋浴器与员工的比例为 1∶20，淋浴器间距不小于 1000mm。

5）淋浴间应设置储衣柜或挂衣架。

6）厕所、盥洗室、淋浴间的地面应做硬化和防滑处理。

（5）施工现场宜单独设置文体活动室，使用面积不宜小于 50m^2。

2. 办公、生活福利设施建筑面积的确定

建筑施工工地人数确定后，即可由式（5-3）确定建筑面积：

$$S = N \times P \tag{5-3}$$

式中　S——所需确定的建筑面积（m^2）；

　　　N——使用人数；

　　　P——建筑面积参考指标（m^2/人），可参照表 5-7 计算。

行政、生活福利临时建筑面积参考指标（m^2/人）　　　　表 5-7

序号	临时房屋名称	指标使用方法	单位	参考指标
1	办公室	按使用人数	m^2/人	3～4
2	工人休息室	按工地平均人数	m^2/人	0.15
3	食堂	按高峰年平均人数	m^2/人	0.5～0.8
4	浴室	按高峰年平均人数	m^2/人	0.07～0.10
5	宿舍（单层床） 　　（双层床）	按工地住人数 按工地住人数	m^2/人 m^2/人	3.5～4.0 2.0～2.5
6	医务室	按高峰年平均人数	m^2/人	0.05～0.07
7	其他公用房	按高峰年平均人数	m^2/人	0.05～0.10

5.5.5　工地临时供水

建筑工地临时用水主要包括三种类型：生产用水、生活用水和消防用水。工地临时供水设计内容主要包括：计算用水量、选择水源、设计配水管网。

1. 确定用水量

（1）生产用水

生产用水包括工程施工用水和施工机械用水。

1）工程施工用水量

$$q_1 = K_1 \sum \frac{Q_1 \cdot N_1}{t} \times \frac{K_2}{8 \times 3600} \tag{5-4}$$

式中 q_1——施工用水量（L/s）；

K_1——未预见的施工用水系数（1.05～1.15）；

Q_1——日工程量；

N_1——施工用水定额，见表5-8；

t——每天工作班次；

K_2——用水不均匀系数，施工工程用水取1.5，生产企业用水取1.25。

施工用水（N_1）参考定额　　　　表5-8

序号	用水对象	单位	耗水量(N_1)	备注
1	浇筑混凝土全部用水	1/m³	1700～2400	
2	搅拌普通混凝土	1/m³	250	
3	搅拌轻质混凝土	1/m³	300～350	
4	搅拌泡沫混凝土	1/m³	300～400	
5	搅拌热混凝土	1/m³	300～350	
6	混凝土养护(自然养护)	1/m³	200～400	
7	混凝土养护(蒸汽养护)	1/m³	500～700	
8	冲洗模板	1/m²	5	
9	搅拌机清洗	1/台班	600	
10	人工冲洗石子	1/m³	1000	
11	机械冲洗石子	1/m³	600	
12	洗砂	1/m³	1000	
13	砌砖工程全部用水	1/m³	150～250	
14	砌石工程全部用水	1/m³	50～80	
15	抹灰工程全部用水	1/m²	30	
16	耐火砖砌体工程	1/m³	100～150	包括砂浆搅拌
17	浇砖	1/千块	200～250	
18	浇硅酸盐砌块	1/m³	300～350	
19	抹面	1/m²	4～6	未包括调制用水
20	楼地面	1/m²	190	
21	搅拌砂浆	1/m³	300	
22	石灰消化	1/t	3000	
23	上水管道工程	1/m	98	
24	下水管道工程	1/m	1130	
25	工业管道工程	1/m	35	

2）施工机械用水量（除非用蒸汽动力机械设备，一般施工现场可不考虑该项用水）

$$q_2 = K_1 \sum \frac{Q_2 \cdot N_2}{t} \frac{K_3}{8 \times 3600} \tag{5-5}$$

式中 q_2——施工机械用水量（L/s）；

K_1——未预见的施工用水系数（1.05～1.15）；

Q_2——同一种机械台数（台）；

N_2——施工机械台班用水定额；

K_3——施工机械用水不均衡系数，运输机械取 2.0，动力设备取 1.05-1.1。

（2）生活用水

生活用水包括施工现场生活用水和生活区生活用水。

1）施工现场生活用水量

$$q_3 = \frac{P_1 \cdot N_3 \cdot K_4}{t \times 8 \times 3600} \tag{5-6}$$

式中 q_3——施工现场生活用水量（L/s）；

P_1——施工现场高峰昼夜人数（人）；

N_3——施工现场生活用水定额［一般为 20～60L/（人·班），主要视当地气候而定］；

K_4——施工现场生活用水不均衡系数，取 1.3～1.5；

t——每天工作班数（班）。

2）生活区生活用水量（除非有规模生活住宅小区，一般施工现场生活用水可不考虑该项用水）

$$q_4 = \frac{P_2 \cdot N_4 \cdot K_5}{24 \times 3600} \tag{5-7}$$

式中 q_4——生活区生活用水量（L/s）；

P_2——生活区居民人数（人）；

N_4——生活区昼夜全部生活用水定额（60L/s）；

K_5——生活区用水不均衡系数，取 2.0～2.5。

（3）消防用水量[①]

临时消防用水量 q_5 分为临时室外消防用水量与临时室内消防用水量。临时用房的临时室外消防用水量不应小于表 5-9 的规定。在建工程的临时室外消防用水量不应小于表 5-10 的规定，在建工程的临时室内消防用水量不应小于表 5-11 的规定。

临时用房的临时室外消防用水量　　　　　　　　　　　　　　　　　表 5-9

临时用房的建筑面积之和	火灾延续时间(h)	消火栓用水量(L/s)	每支水枪最小流量(L/s)
1000m²＜面积≤5000m²	1	10	5
面积＞5000m²	1	15	5

在建工程的临时室外消防用水量　　　　　　　　　　　　　　　　　表 5-10

在建工程(单体)体积	火灾延续时间(h)	消火栓用水量(L/s)	每支水枪最小流量(L/s)
10000m²＜面积≤30000m²	1	10	5
面积＞30000m²	2	15	5

---

① 《建设工程施工现场消防安全技术规范》GB 50720—2011 规定：

5.3.1 施工现场或其附近应设置稳定、可靠的水源，并应能满足施工现场临时消防用水的需要。消防水源可采用市政给水管网或天然水源。当采用天然水源时，应采取措施确保冰冻季节、枯水期最低水位时顺利取水，并满足临时消防用水量的要求。

5.3.17 施工现场临时消防给水系统应与施工现场生产、生活给水系统合并设置，但应设置将生产、生活用水转为消防用水的应急阀门。应急阀门不应超过 2 个，且应设置在易于操作的场所，并设置明显标识。

在建工程的临时室内消防用水量 表 5-11

建筑高度、在建工程体积(单体)	火灾延续时间(h)	消火栓用水量(L/s)	每支水枪最小流量(L/s)
24m<建筑高度≤50m 或 30000m³<体积≤50000m³	1	10	5
建筑高度>50m 或体积>50000m³	1	15	5

（4）确定总用水量

由于生产用水、生活用水和消防用水不可能同时使用，故在确定总用水量 Q 时，不能简单地相加，根据《建设工程施工现场消防安全技术规范》GB 50720—2011，一般可分为以下两种情形：

1）当 $q_1+q_2+q_3+q_4 \leqslant q_5$ 时：

$$Q=q_5 \tag{5-8}$$

2）当 $q_1+q_2+q_3+q_4 > q_5$ 时：

$$Q=q_1+q_2+q_3+q_4 \tag{5-9}$$

最后计算出的总用水量，还应增加 10%，以补偿管网的漏水损失。

2. 选择水源

建筑工地临时供水水源，有供水管道和天然水源供水两种方式，尽可能利用现场附近居民区现有的供水管道供水，只有当工地附近没有现成的供水管道或现有给水管道无法使用以及给水管道供水量难以满足使用要求时，才使用天然水源（如江河、水库、泉水、井水等）供水。

3. 设计配水管网①

（1）确定供水系统

一般工程项目的施工用水尽量利用拟建项目的永久性供水系统，只有在永久性供水系统不具备时，才修建临时供水系统。在临时供水时，如水泵不能连续抽水，则需设置贮水构筑物（如蓄水池、水塔或水箱）。其容量以每小时消防用水决定，但不得少于10~20m³。

（2）确定供水管径

---

① 《建设工程施工现场消防安全技术规范》GB 50720—2011规定：

5.3.1 施工现场或其附近应设有稳定、可靠的水源，并应能满足施工现场临时消防用水的需要。消防水源可采用市政给水管网或天然水源，采用天然水源时，应有可靠措施确保冰冻季节、枯水期最低水位时顺利取水，并满足消防用水量的要求。

5.3.2 临时消防用水量应为临时室外消防用水量与临时室内消防用水量之和。

5.3.3 临时室外消防用水量应按临时用房和在建工程的临时室外消防用水量的较大者确定，施工现场火灾次数可按同时发生1次确定。

5.3.4 临时用房建筑面积之和大于1000m²或在建工程单体体积大于10000m³时，应设置临时室外消防给水系统。当施工现场处于市政消火栓150m保护范围内且市政消火栓的数量满足室外消防用水量要求时，可不设置临时室外消防给水系统。

5.3.7 施工现场的临时室外消防给水系统的设置应符合下列要求：1. 给水管网宜布置成环状；2. 临时室外消防给水主干管的管径，应根据施工现场临时消防用水量和干管内水流计算速度计算确定，且不应小于 DN100；3. 室外消火栓应沿在建工程、临时用房、可燃材料堆场及其加工场均匀布置，与在建工程、临时用房和可燃材料堆场及其加工场的外边线距离不应小于5.0m；4. 消火栓的间距不应大于120m；5. 消火栓的最大保护半径不应大于150m。

5.3.8 建筑高度大于24m或单体体积超过30000m³的在建工程，应设置临时室内消防给水系统。

根据工地总用水量，按式（4-10）计算干管管径：

$$D=\sqrt{\frac{4Q\times1000}{\pi\cdot v}}$$　　　　　　　　　　　　　　　（5-10）

式中　D——配水管内径（mm）；

　　　Q——计算总用水量（L/s）；

　　　v——管网中的水流速度（m/s），可参照表5-12。

临时水管经济流速表　　　　　　　　表5-12

序号	管　径	流速 V(m/s)	
		正常时间	消防时间
1	支管 $D<100mm$	2	2
2	生产消防管 $D=100\sim300mm$	1.3	>3.0
3	生产消防管 $D>300mm$	1.5~1.7	2.5
4	生产用水管 $D>300mm$	1.5~2.5	3.0

（3）给水管材选择

根据计算得到的管径，可选择临时给水管材料，目前使用的管材主要有三大类。第一类是金属管，如内搪塑料的热镀铸铁管、钢管、不锈钢管；第二类是塑复金属管，如钢塑复合管、铝塑复合管等；第三类是塑料管，如PVC-U、PE管，见表5-13。

室外埋地给水管材选用表　　　　　　　　表5-13

序号	管材名称	管材规格	连接方式	适用规范、标准	标准图号	备注
1	硬聚氯乙烯（PVC-U）埋地给水管	公称外径:dn63 dn75 dn90 dn110 dn125 dn160 dn200 dn225 dn250 dn315 dn355 dn400 dn450 dn500 dn630 dn710 dn800 宜采用公称压力等级为 PN1.00MPa、PN1.25MPa、PN1.60MPa产品 管材线膨胀系数:0.07mm/m℃;同材质管件:自熄	橡胶圈承插柔性连接	《埋地硬聚氯乙烯给水管道工程技术规程》CECS 17:2000	02SS405-1《硬聚氯乙烯（PVC-U）给水管安装》	①与金属附件或其他材质管道连接可采用法兰 ②沟底不得有突出的尖硬物,必要时可铺设100mm厚中粗砂垫层
2	聚乙烯(PE)给水管 (PE80、PE100)	公称外径:dn63 dn75 dn90 dn110 dn125 dn140 dn160 dn180 dn200 dn225 dn250 dn280 dn315 dn355 dn400 dn450 dn500 dn560 dn630 dn710 dn800 系统工作压力:Ps≤0.6MPa宜采用S6.3或S5系列管材线膨胀系数：0.20mm/m·℃;同材质管件:低温抗冲性能优良,易燃	①dn≥63 对接热熔连接 ②dn≤160 电熔连接 ③dn>160 法兰连接	《给水用聚乙烯(PE)管材》GB/T 13663—2002 《建筑给水聚乙烯类管道工程技术规程》CJJ/T 98—2003		①与20℃、50 年、概率预测97.5%的静液压强度。LPL(MPa)：PE80 为8.00~9.99,PE100 为10.0~11.19; ②与金属附件或其他材质管道连接可采用法兰 ③沟底不得有突出的尖硬物,必要时可铺设100mm厚中粗砂垫

续表

序号	管材名称	管材规格	连接方式	适用规范、标准	标准图号	备注
3	钢丝网骨架塑料(聚乙烯)复合给水管(钢丝网塑管)	公称直径:dn50 dn63 dn75 dn90 dn110 dn140 dn160 dn200 dn225 dn250 dn315 dn355 dn400 dn450 dn500 dn560 dn630 聚乙烯(PE)管件	电熔连接	《钢丝网骨架塑料(聚乙烯)复合管材及管件》CJ/T 189—2007		①管材公称压力:dn≤90mm 为1.6MPa,dn≥110mm 为1.0MPa、1.6MPa ②与金属附件或其他材质管道连接可采用法兰 ③沟底不得有突出的尖硬物,必要时可铺设 100mm 厚中粗砂垫
4	球墨铸铁给水管(含离心铸造、金属型离心铸造、连续铸造成型产品)	公称直径:DN50 DN65 DN80 DN100 DN125 DN150 DN200 DN250 DN300 DN350 DN400 DN450 DN500 DN600 DN700 DN800 DN900 DN1000 DN1100 DN1200	①承插胶圈接口 ②承插法兰胶圈接口	《水及煤气管道用球墨铸铁管、管件和附件》GB/T 13295—2003		内衬水泥砂浆(离心衬涂)外表面涂刷沥青漆

4. 工地临时用水计算实例

【例题 5-1】 某住宅小区,建筑面积为 21.3 万 m^2,最高建筑为 33 层(女儿墙距室外地坪 95.6m),根据施工总进度计划确定出施工高峰和用水高峰在第三季度,主要工程量和施工人数如下:日最大混凝土浇筑量为 2000m^3,施工现场高峰人数 1300 人,临时用房 3850m^2,试计算现场总用水量和管径。(施工现场处于市政消火栓 150m 保护范围内,且市政消火栓的数量满足室外消防用水量要求)

【解】 (1)施工工程用水量计算

查表 5-8,N_1 浇筑混凝土取 350L/m^3(采用预拌混凝土,只考虑养护用水);取 K_1=1.05,K_2=1.5;每天工作班数取 t=1。

$$q_1 = K_1 \sum \frac{Q_1 \cdot N_1}{t} \times \frac{K_2}{8 \times 3600}$$

$$= 1.05 \times \frac{(2000 \times 350)}{1} \times \frac{1.5}{8 \times 3600} = 38.3 \text{L/s}$$

(2)施工机械用水量计算

本工程没有使用用水机械,不考虑施工机械用水,故 q_2=0 L/s。

(3)施工现场生活用水量计算

取 N_3=100L/人,K_4=1.4,取每天平均工作班数,t=1.5。

$$q_3 = \frac{P_1 \times N_3 \times K_4}{t \times 8 \times 3600} = \frac{1300 \times 100 \times 1.4}{1.5 \times 8 \times 3600} = 4.2 \text{L/s}$$

(4)生活区生活用水量计算(该施工现场没有规模生活住宅小区,不考虑该项用水)

(5)消防用水量计算

根据本工程背景:建筑面积为 21.3 万 m^2,最高建筑为 33 层(女儿墙距室外地坪 95.6m),临时用房 3850m^2。查表 5-9、表 5-10、表 5-11,取 q_5=15+15=30L/s。同时该工程现场必须单独设置临时室内消防给水系统。

（6）总用水量计算

$$q_1+q_2+q_3+q_4=38.3+0+4.2+0=42.5\text{L/s}>q_5=30\text{L/s}$$

$$Q=40\text{L/s}$$

考虑漏水损失，$Q=1.1\times42.5=46.8\text{L/s}$。

（7）管径计算

取 $v=1.5\text{m/s}$，代入公式（5-10）得：

$$D=\sqrt{\frac{4Q\times1000}{\pi\cdot v}}=\sqrt{\frac{4\times46.8\times1000}{3.14\times1.5}}=199.4\text{mm}$$

查表 5-13，选 $D=200\text{mm}$ 硬聚氯乙烯（PVC-U）埋地给水管。

5.5.6　工地临时供电

建筑工地临时供电[①]包括：计算用电总量、选择电源、确定变压器、确定导线截面面积并布置配电线路。

1. 工地总用电量计算

建筑工地用电量包括动力用电和照明用电两类，可按式（5-11）计算总用电量：

$$P=\varphi\Big(K_1\frac{\sum P_1}{\cos\varphi}+K_2\sum P_2+K_3\sum P_3+K_4\sum P_4\Big) \tag{5-11}$$

一般建筑工地现场多采用一班制或两班制，少数采用三班制，因此综合考虑动力用电约占总用电量的 90%，室内外照明用电约占 10%，则式（5-11）可简化为：

$$P=1.1\Big(K_1\frac{\sum P_1}{\cos\varphi}+K_2\sum P_2+0.1P\Big)=1.24\Big(K_1\frac{\sum P_1}{\cos\varphi}+K_2\sum P_2\Big) \tag{5-12}$$

式中　　　　　　P——计算总用电量（kW）；

φ——未预计施工用电系数（1.05～1.1）；

P_1——电动机额定功率（kW）；

P_2——电焊机额定容量（kV·A）；

P_3——室内照明容量（kW）；

P_4——室外照明容量（kW）；

$\cos\varphi$——电动机的平均功率因数，施工现场最高为 0.75～0.78，一般为 0.65～0.75；

K_1、K_2、K_3、K_4——需要系数，见表 5-14。

---

① 《建设工程施工现场供用电安全规范》GB 50194—2014 规定：

3.1.3 供用电设计至少应包括下列内容：1. 设计说明；2. 施工现场用电容量统计；3. 负荷计算；4. 变压器选择；5. 配电线路；6. 配电装置；7. 接地装置及防雷装置；8. 供用电系统图、平面布置图。

3.2 供用电设施的施工

3.2.1 供用电施工方案或施工组织设计应经审核、批准后实施。

3.2.2 供用电施工方案或施工组织设计应包括下列内容：1. 工程概况；2. 编制依据；3. 供用电施工管理组织机构；4. 配电装置安装、防雷接地装置安装、线路敷设等施工内容的技术要求；5. 安全用电及防火措施。

需要系数 (K) 值 表 5-14

用电名称	数量	K	数值	备注
电动机	3～10 台	K_1	0.7	如施工中需用电热时,应将其用电量计算进去。为使计算接近实际,式中各项用电根据不同性质分别计算
	11～30 台		0.6	
	30 台以上		0.5	
加工厂动力设备			0.5	
电焊机	3～10 台	K_2	0.6	
	10 台以上		0.5	
室内照明		K_3	0.8	
室外照明		K_4	1.0	

2. 选择电源

选择临时供电电源,通常有:完全由工地附近的电力系统供电;没有电力系统时,完全由自备临时发电站供给。最经济的方案是,将附近的高压电,经设在工地的变压器降压后,引入工地。

3. 确定变压器

变压器的功率可由式（5-13）计算:

$$P_变 = K\left(\frac{\sum P_{max}}{\cos\varphi}\right) \tag{5-13}$$

式中 $P_变$——变压器的功率 (kVA);

$\sum P_{max}$——施工区的最大计算负荷 (kW);

K——功率损失系数,取 1.05;

$\cos\varphi$——功率因数。

根据计算所得容量,即可查有关资料选择变压器的型号和额定容量。

4. 配电系统

(1) 低压配电系统宜采用三级配电,宜设置总配电箱、分配电箱、末级配电箱。

(2) 低压配电系统不宜采用链式配电。当部分用电设备距离供电点较远,而彼此相距很近、容量小的次要用电设备,可采用链式配电,但每一回路环链设备不宜超过 5 台,其总容量不宜超过 10kW。

(3) 消防等重要负荷应由总配电箱专用回路直接供电,并不得接入过负荷保护和剩余电流保护器。

(4) 消防泵、施工升降机、塔式起重机、混凝土输送泵等大型设备应设专用配电箱。

5. 配电箱

(1) 总配电箱以下可设若干分配电箱;分配电箱以下可设若干末级配电箱。分配电箱以下可根据需要,再设分配电箱。总配电箱应设在靠近电源的区域,分配电箱应设在用电设备或负荷相对集中的区域,分配电箱与末级配电箱的距离不宜超过 30m。

(2) 动力配电箱与照明配电箱宜分别设置。当合并设置为同一配电箱时,动力和照明应分路供电;动力末级配电箱与照明末级配电箱应分别设置。

(3) 用电设备或插座的电源宜引自末级配电箱,当一个末级配电箱直接控制多台用电设备或插座时，每台用电设备或插座应有各自独立的保护电器。

（4）当分配电箱直接控制用电设备或插座时，每台用电设备或插座应有各自独立的保护电器。

（5）总配电箱、分配电箱内应分别设置中性导体（N）、保护导体（PE）汇流排，并有标识；保护导体（PE）汇流排上的端子数量不应少于进线和出线回路的数量。

（6）配电箱内连接线绝缘层的标识色应符合下列规定：①相导体 L1、L2、L3 应依次为黄色、绿色、红色；②中性导体（N）应为淡蓝色；③保护导体（PE）应为绿黄双色；④上述标识色不应混用。

（7）配电箱送电操作顺序为：总配电箱→分配电箱→末级配电箱；停电操作顺序为：末级配电箱→分配电箱→总配电箱。

6. 配电线路

（1）配电线路应根据施工现场环境特点，以满足线路安全运行、便于维护和拆除的原则来选择，敷设方式应能够避免受到机械性损伤或其他损伤。

（2）供用电电缆可采用架空、直埋、沿支架等方式进行敷设；低压配电系统的接地形式采用 TN-S 系统时，单根电缆应包含全部工作芯线和用作中性导体（N）或保护导体（PE）的芯线；低压配电系统的接地形式采用 TT 系统时，单根电缆应包含全部工作芯线和用作中性导体（N）的芯线。

（3）配电线路不应敷设在树木上或直接绑挂在金属构架和金属脚手架上；

（4）配电线路不应接触潮湿地面或接近热源。

（5）低压配电线路截面的选择和保护应符合现行国家标准《低压配电设计规范》GB 50054 的有关规定。

7. 工地临时用电计算实例

【例题 5-2】　某高层建筑施工工地，在结构施工阶段主要施工机械配备为：QT100 附着式塔式起重机 1 台，电动机总功率为 63kW；SCD100/100A 建筑施工外用电梯 1 台，电动机功率为 11kW；HB-15 型混凝土输送泵 1 台，电动机功率为 32.2kW；ZX50 型插入式振动器 4 台，电动机功率为 1.1×4kW；GT3/9 钢筋调直机、QJ40 钢筋切断机、GW40 钢筋弯曲机各 1 台，电动机功率分别为 7.5kW、5.5kW 和 3kW；UN-100 钢筋对焊机 1 台，额定容量为 100kV·A；BX3-300 电焊机 3 台，额定持续功率为 23.4×3kV·A；高压水泵 1 台，电动机功率为 55kW。试估算该工地用电总量，并选择配电变压器。

【解】　施工现场所用全部电动机总功率：

$$\sum P_1 = 63+11+32.2+1.1\times4+7.5+5.5+3+55 = 181.6kW$$

电焊机和对焊机的额定容量：

$$\sum P_2 = 23.4\times3+100 = 170.2kV\cdot A$$

查表 5-14，取 $K_1=0.6$，$K_2=0.6$，并取 $\cos\varphi=0.75$，考虑室内、外照明用电后，按公式（5-12）得：

$$P = 1.24\left(K_1\frac{\sum P_1}{\cos\varphi}+K_2\sum P_2\right)$$

$$= 1.24\left(0.6\times\frac{181.6}{0.75}+0.6\times170.2\right) = 1.24\times247.4 = 306.8kW$$

变压器功率按公式（5-13）得：

$$P_变 = K\left(\frac{\sum P_{max}}{\cos\varphi}\right) = 1.05 \times \frac{306.8}{0.75} = 429.52 \text{kV} \cdot \text{A}$$

当地高压供电 10kV，施工动力用电需三相 380V 电源，照明需单相 220V 电源，按上述要求查变压器设备产品类型，选择 SL_7-500/10 型三相降压变压器，其主要技术数据为：额定容量 500kV·A，高压额定线电压 10kV，低压额定线电压 0.4kV，作 Y 接使用。

5.6 施工总平面图

施工总平面图是拟建项目在施工现场的总布置图，是按照施工部署、施工方案和施工总进度计划的要求，将施工现场的交通道路与施工现场以外道路衔接规划、施工现场内材料仓库布置规划、附属生产或加工企业设置规划、临时建筑和临时水电管线布置规划等综合内容通过图纸的形式表达出来的技术文件。通过施工现场的合理规划，达到正确处理全工地施工期间所需各项资源、设施与拟建工程之间的空间、时间关系。

5.6.1 施工总平面图的设计依据

施工总平面图的设计，应力求真实、详细地反映施工现场情况，以期达到对施工现场科学控制的目的，为此，掌握以下资料是十分必要的。

1）各种设计资料，包括建筑总平面图、地形地貌图、区域规划图及建筑项目范围内已有和拟建的各种设施位置；

2）建设地区的自然条件和技术经济条件；

3）建设项目的建筑概况、施工部署、施工总进度计划；

4）各种建筑材料、构件、半成品、施工机械及运输工具需要量一览表；

5）各构件加工厂、仓库及其他临时设施的数量和外廓尺寸；

6）工地内部的储放场地和运输线路规划；

7）其他施工组织设计参考资料。

5.6.2 施工总平面图的设计原则

（1）在保证顺利施工的前提下，尽量使平面布置紧凑合理，不占或少占农田，不挤占道路。

（2）施工现场出入口应标有企业名称或企业标识。主要出入口明显处应设置工程概况牌，大门内应有施工现场总平面图和安全生产、消防保卫、环境保护、文明施工等制度牌。

（3）施工区域的划分和场地确定要符合施工流程要求，尽量减少各专业工种和各分包单位之间的干扰。

（4）施工现场的施工区域应办公、生活区划分清晰，并应采取相应的隔离措施。

（5）施工现场必须采用封闭围挡，市区主要路段的工地应设置高度不小于 2.5m 的封闭围挡，一般路段的工地应设置高度不小于 1.8m 的封闭围挡。

（6）施工现场临时用房应选址合理，并应符合安全、消防要求和国家有关规定。各种临时设施的布置应有利于生产和方便生活。

（7）应满足劳动保护、安全防火、防洪及环境保护的要求，符合国家有关的规程和规范。[①]

5.6.3　施工总平面图设计内容

1.《建筑施工组织设计规范》GB/T 50502—2009 规定，施工总平面布置图包括：

1）项目施工用地范围内的地形状况；

2）全部拟建的建（构）筑物和其他基础设施的位置；

3）项目施工用地范围内的加工设施、运输设施、存贮设施、供电设施、供水供热设施、排水排污设施、临时施工道路和办公、生活用房等；

4）施工现场必备的安全、消防、保卫和环境保护等设施；

5）相邻的地上、地下既有建（构）筑物及相关环境。

2. 布置施工总平面注意的问题

由于大型工程的建设工期较长，随着工程的不断进展，施工现场布置也将不断发生变化。因此，需要按照不同阶段动态绘制施工总平面图，以满足不同时期施工需要。在布置时重点考虑：

（1）必须摸清整个建设项目施工用地范围内一切地上和地下已有和拟建的建筑物、构筑物、道路、管线以及其他设施的位置和尺寸，防止基础施工时事故的发生。

（2）必须保护好永久性测量及半永久性测量放线桩位置，防止扰动桩位。

（3）为全工地施工服务的临时设施的布置必须经济、适用、合理。

1）合理布置各种仓库、加工厂位置、制备站、道路及有关机械的位置，各种建筑材料、半成品、构件的仓库和主要堆场，取土及弃土位置，行政管理用房、宿舍、文化生活和福利建筑等。减少场内运输距离，尽可能避免二次搬运，减少运输费用，保证运输方便、通畅；

2）水源、电源、临时给水排水管线和供电、动力线路及设施必须进行专项设计，杜绝高估冒算和两次增容；

3）安全防火设施的设置必须满足规范要求等。

（4）充分利用各种永久性建筑物、构筑物和原有设施为施工服务，降低临时设施的费用，临时建筑尽量采用可拆移式结构。

（5）特殊图例、方向标志和比例尺必须满足相关规定等。

5.6.4　施工总平面图的设计步骤

施工总平面图的设计步骤为：引入场外交通道路→布置仓库与材料堆场→布置加工厂

---

① 《建筑施工现场环境与卫生标准》JGJ 146—2004 规定：

2.0.5　在工程的施工组织设计中应有防治大气、水土、噪声污染和改善环境卫生的有效措施。

2.0.6　施工企业应采取有效的职业病防护措施，为作业人员提供必备的防护用品，对从事有职业病危害作业的人员应定期进行体检和培训。

2.0.7　施工企业应结合季节特点，做好作业人员的饮食卫生和防暑降温、防寒保暖、防煤气中毒、防疫等工作。

2.0.8　施工现场必须建立环境保护、环境卫生管理和检查制度，并应做好检查记录。

2.0.9　对施工现场作业人员的教育培训、考核应包括环境保护、环境卫生等有关法律、法规的内容。

2.0.10　施工企业应根据法律、法规的规定，制定施工现场的公共卫生突发事件应急预案。

和混凝土搅拌站→布置工地内部运输道路→布置临时设施→布置临时水、电管网和其他动力设施→布置消防、安保及文明施工设施→绘制正式施工总平面布置图。

1. 引入场外交通道路

设计全工地性施工总平面图时，首先应从考虑大宗材料、成品、半成品、设备等进入工地的运输方式入手。当大批材料由铁路运输时，要解决铁路的引入问题；当大批材料是由水路运输时，应考虑原有码头的运用和是否增设专用码头问题；当大批材料是由公路运输时，一般先布置场内仓库和加工厂，然后再引入场外交通道路。

2. 仓库与材料堆场的布置[①]

通常考虑将仓库与材料堆场设置在运输方便、运距较短、安全、防火的位置。

(1) 当采用铁路运输时，仓库通常沿铁路线布置，并且要留有足够的装卸前线。如果没有足够的装卸前线，必须在附近设置转运仓库。布置铁路沿线仓库时，应将仓库设置在靠近工地一侧，以免内部运输跨越铁路。同时仓库不宜设置在弯道处或坡道上。

(2) 当采用水路运输时，一般应在码头附近设置转运仓库，以缩短船只的停留时间。

(3) 当采用公路运输时，中心仓库布置在工地中央或靠近使用的地方，也可以布置在靠近外部交通连接处。砂、石、水泥、石灰、木材等仓库或堆场，应考虑取用的方便，宜布置在搅拌站、预制构件场和木材加工厂附近。对于砖、瓦和预制构件等直接使用的材料，应该直接布置在施工对象附近，以免二次搬运。工具库应布置在加工区与施工区之间交通方便处，零星、小件、专用工具库可分设于各施工区段。车库、机械站应布置在现场的入口处。油料、氧气、电石、炸药库布置在安全地点，易燃、有毒材料库建在工程的下风方向。

对工业建筑工地，尚需考虑主要设备的仓库或堆场，一般大、重型设备应尽可能放在车间附近，其他设备仓库可布置在外围。

3. 场内运输道路的布置[②]

工地内部运输道路，应根据各加工厂、仓库、施工对象的相对位置、消防要求来布置。规划道路时要区分主要道路和次要道路，在规划时，还应考虑充分利用拟建的永久性道路系统，提前修永久性道路整路基，其上做简易路面，作为施工临时道路。

道路应有足够的宽度和转弯半径，现场内道路干线应采用环形布置，主要道路宜采用双车道，次要道路可为单车道（其末端要设置回车场地）。临时道路的路面结构，也应根

---

① 《建设工程施工现场消防安全技术规范》GB 50720—2011 规定：

3.1.5 固定动火作业场应布置在可燃材料堆场及其加工场、易燃易爆危险品库房等全年最小频率风向的上风侧；宜布置在临时办公用房、宿舍、可燃材料库房、在建工程等全年最小频率风向的上风侧。

3.1.6 易燃易爆危险品库房应远离明火作业区、人员密集区和建筑物相对集中区。

3.1.7 可燃材料堆场及其加工场、易燃易爆危险品库房不应布置在架空电力线下。

3.2.1 易燃易爆危险品库房与在建工程的防火间距不应小于 15m，可燃材料堆场及其加工场、固定动火作业场与在建工程的防火间距不应小于 10m，其他临时用房、临时设施与在建工程的防火间距不应小于 6m。

② 《建设工程施工现场消防安全技术规范》GB 50720—2011 规定：

3.1.3 施工现场出入口的设置应满足消防车通行的要求，并宜布置在不同方向，其数量不宜少于 2 个。当确有困难只能设置 1 个出入口时，应在施工现场内设置满足消防车通行的环形道路。

3.3.1 施工现场内应设置临时消防车道，临时消防车道与在建工程、临时用房、可燃材料堆场及其加工场的距离，不宜小于 5m，且不宜大于 40m；施工现场周边道路满足消防车通行及灭火救援要求时，施工现场内可不设置临时消防车道。

据运输情况，运输工具和使用条件的不同，采用不同的结构。一般场区内的干线，宜采用级配碎石路面；场内支线一般为砂石路。

4. 加工厂和搅拌站的布置

各种加工厂布置，应以方便使用、安全、防火、运输费用少、不影响建筑安装工程施工为原则。加工厂与相应的仓库或材料堆场要布置在同一区域，且与外界交通衔接方便。在生产区域内布置各加工厂位置时，要注意各加工厂之间的生产流程。

（1）预制构件加工厂尽量利用建设地区永久性加工厂。

（2）钢筋加工厂可集中或分散布置，对于需冷加工、对焊、点焊的钢筋骨架和大片钢筋网，宜集中布置在中心加工厂；对于小型加工、小批量生产和利用简单机具就能成型的钢筋加工，采用就近的钢筋加工棚进行。钢筋宜布置在地势较高处或架空布置，避免雨期积水污染、锈蚀钢筋。

（3）木材加工一般在木材加工厂加工。对于非标准件的加工与模板修理工作等，可分散在工地临时木工加工棚进行加工。锯木、成材、粗木加工车间、细木加工车间和成品堆场要按工艺流程布置，且宜设置在土建施工区边缘的下风向位置。

（4）一般的工程项目，大多使用预拌混凝土，现场不设搅拌站，当城市预拌混凝土厂家的供应能力和输送设备不能满足时，才考虑在建设场地内设置集中混凝土搅拌站。

（5）产生有害气体和污染空气的临时加工场，如沥青熬制、生石灰熟化、石棉加工场等应位于下风处。

5. 临时设施的布置①

对于各种生活与行政管理用房应尽量利用建设单位的生活基地或现场附近的其他永久性建筑，不足部分再修建临时建筑物。临时建筑物的设计，应遵循经济、适用、装拆方便的原则，并根据当地的气候条件、工期长短确定其建筑与结构形式。

施工现场主要临时用房、临时设施的防火间距不应小于现行规范规定，当办公用房、宿舍成组布置时，其防火间距可适当减小，但应符合以下要求：

1）每组临时用房的栋数不应超过10栋，组与组之间的防火间距不应小于8m；

2）组内临时用房之间的防火间距不应小于3.5m；当建筑构件燃烧性能等级为A级时，其防火间距可减少到3m。

一般全工地性行政管理用房宜设在全工地入口处，以便对外联系。工地福利设施应设

---

① 《建设工程施工现场消防安全技术规范》GB 50720—2011规定：

4.2.1 宿舍、办公用房的防火设计应符合下列规定：

1. 建筑构件的燃烧性能等级应为A级；当采用金属夹芯板材时，其芯材的燃烧性能等级应为A级；2. 建筑层数不应超过3层，每层建筑面积不应大于300㎡；3. 层数为3层或每层建筑面积大于200㎡时，应设置不少于2部疏散楼梯，房间疏散门至疏散楼梯的最大距离不应大于25m；4. 单面布置用房时，疏散走道的净宽度不应小于1.0m；双面布置用房时，疏散走道的净宽度不应小于1.5m；5. 疏散楼梯的净宽度不应小于疏散走道的净宽度；6. 宿舍房间的建筑面积不应大于30㎡，其他房间的建筑面积不宜大于100㎡；7. 房间内任一点至最近疏散门的距离不应大于15m，房门的净宽度不应小于0.8m，房间建筑面积超过50㎡时，房门的净宽度不应小于1.2m；8. 隔墙应从楼地面基层隔断至顶板基层底面。

4.2.3 其他防火设计应符合下列规定：

1. 宿舍、办公用房不应与厨房操作间、锅炉房、变配电房等组合建造；2. 会议室、娱乐室等人员密集房间应设置在临时用房的一层，其疏散门应向疏散方向开启。

置在工人较集中的地方或工人必经之路。生活基地应设在场外，距工地 500～1000m 为宜，并避免设在低洼潮湿、有烟尘和有害健康的地方。食堂宜设在生活区，也可布置在工地与生活区之间。

6. 临时水、电管网的布置

（1）临时用电

1）临时总变电站应设在高压线进入工地处，避免高压线穿过工地。

2）临时自备发电设备应在现场中心，或靠近主要用电区域。

3）施工现场的消火栓泵应采用专用消防配电线路。专用消防配电线路应自施工现场总配电箱的总断路器上端接入，且应保持不间断供电。

临时用电示例见第 7 章临时用电专项方案。

（2）临时水网①

1）临时水池、水塔应设在用水中心和地势较高处。

2）管网一般沿道路布置，供电线路应避免与其他管道设在同一侧，主要供水、供电管线采用环状，孤立点可用枝状。

3）管线穿过道路处均要套钢管，例如一般电线套用直径 50～80mm 钢管，电缆套用直径 100mm 钢管，并埋入地下 0.6m 处。

4）过冬的临时水管须埋在冰冻线以下，或采取保温措施。

5）要满足消防用水的规定。

6）施工场地必须有畅通的排水系统，场地排水坡度应不小于 3‰，并沿道路边设立排水管（沟）等，其纵坡不小于 2‰，过路处须设涵管。在山地建设时还须考虑防洪设施；在市区施工，应该设置污水沉淀池，以保证排水达到城市污水排放标准。

7. 布置消防设施

按照消防要求，施工现场应设置灭火器、临时消防给水系统和临时消防应急照明等临时消防设施。临时消防设施应与在建工程的施工同步设置。房屋建筑工程中，临时消防设施的设置与在建工程主体结构施工进度的差距不应超过 3 层。施工现场在建工程可利用已

---

① 《建设工程施工现场消防安全技术规范》GB 50720—2011 规定：

5.3.10 在建工程临时室内消防竖管的设置应符合下列规定：1. 消防竖管的设置位置应便于消防人员操作，其数量不应少于 2 根，当结构封顶时，应将消防竖管设置成环状；2. 消防竖管的管径应根据室内消防用水量、竖管给水压力或流速进行计算确定，且管径不应小于 DN100。

5.3.11 设置室内消防给水系统的在建工程，应设置消防水泵接合器。消防水泵接合器应设置在室外便于消防车取水的部位，与室外消火栓或消防水池取水口的距离宜为 15～40m。

5.3.14 建筑高度超过 100m 的在建工程，应在适当楼层增设临时中转水池及加压水泵。中转水池的有效容积不应少于 10m³，上下两个中转水池的高差不应超过 100m。

5.3.15 临时消防给水系统的给水压力应满足消防水枪充实水柱长度不小于 10m 的要求；给水压力不能满足现场消防给水系统的给水压力要求时，应设置加压水泵。加压水泵应按照一用一备的要求进行配置，消火栓泵宜设置自动启动装置。

5.3.16 当外部消防水源不能满足施工现场的临时消防用水量要求时，应在施工现场设置临时贮水池。临时贮水池宜设置在便于消防车取水的部位，其有效容积不应小于施工现场火灾延续时间内一次灭火的全部消防用水量。

5.3.17 施工现场临时消防给水系统可与施工现场生产、生活给水系统合并设置，但应设置将生产、生活用水转为消防用水的应急阀门。应急阀门不应超过 2 个，阀门应设置在易于操作的场所，并应有明显标识。

5.3.18 寒冷和严寒地区的现场临时消防给水系统应有防冻措施。

具备使用条件的永久性消防设施作为临时消防设施。当永久性消防设施无法满足使用要求时，应增设临时消防设施。施工现场的消火栓泵应采用专用消防配电线路。专用消防配电线路应自施工现场总配电箱的总断路器上端接入，且应保持不间断供电。

施工现场的出入口必须畅通，现场内应设置临时消防车道，临时消防车道与在建工程、临时用房、可燃材料堆场及其加工场的距离不宜小于 5m，且不宜大于 40m。

临时消防车道的净宽度和净空高度均不应小于 4m，宜设置环形临时消防车道，设置环形临时消防车道确有困难时，要设置临时消防救援场地，场地宽度应满足消防车正常操作要求且不应小于 6m，与在建工程外脚手架的净距不宜小于 2m，且不宜超过 6m。同时沿临时消防车道设置消火栓，一般要求消火栓距建筑物不应小于 5m，距离邻近道路边缘不应大于 2m，消火栓间距不大于 120m。

应当指出，上述各设计步骤不是截然分开、各自孤立进行的，而是需要全面分析、综合考虑，正确处理各项设计内容间的相互联系和相互制约关系，进行多方案比较、反复修正，最后才能得出合理可行的方案。

5.6.5 施工现场环境与卫生

为保障作业人员的身体健康和生命安全，改善作业人员的工作环境与生活条件，保护生态环境，防治施工过程对环境造成污染和各类疾病的发生，施工区、办公区和生活区需要进行施工现场环境与卫生管理和规划。

1. 临时设施环境卫生

（1）施工现场应设置办公室、宿舍、食堂、厕所、淋浴间、开水房、文体活动室、密闭式垃圾站（或容器）及盥洗设施等临时设施。临时设施所用建筑材料应符合环保、消防要求。

（2）办公区和生活区应设密闭式垃圾容器。

（3）办公室内布局应合理，文件资料宜归类存放，并应保持室内清洁卫生。

（4）施工现场应配备常用药及绷带、止血带、颈托、担架等急救器材。

（5）宿舍内应保证有必要的生活空间，室内净高不得小于 2.4m，通道宽度不得小于 0.9m，每间宿舍居住人员不得超过 16 人。

（6）施工现场宿舍必须设置可开启式窗户，宿舍内的床铺不得超过 2 层，严禁使用通铺。

（7）宿舍内应设置生活用品专柜，有条件的宿舍宜设置生活用品储藏室。

（8）宿舍内应设置垃圾桶，宿舍外宜设置鞋柜或鞋架，生活区内应提供为作业人员晾晒衣物的场地。

（9）食堂应设置在远离厕所、垃圾站、有毒有害场所等污染源的地方。

（10）食堂应设置独立的制作间、储藏间，门扇下方应设不低于 0.2m 的防鼠挡板。制作间灶台及其周边应贴瓷砖，所贴瓷砖高度不宜小于 1.5m，地面应做硬化和防滑处理。粮食存放台距墙和地面应大于 0.2m。

（11）食堂应配备必要的排风设施和冷藏设施。

（12）食堂的燃气罐应单独设置存放间，存放间应通风良好并严禁存放其他物品。

（13）食堂制作间的炊具宜存放在封闭的橱柜内，刀、盆、案板等炊具应生熟分开。食品应有遮盖，遮盖物品应有正反面标识。各种佐料和副食应存放在密闭器皿内，并应有标识。

（14）食堂外应设置密闭式泔水桶，并应及时清运。

（15）施工现场应设置水冲式或移动式厕所，厕所地面应硬化，门窗应齐全。蹲位之间宜设置隔板，隔板高度不宜低于0.9m。

（16）厕所大小应根据作业人员的数量设置。高层建筑施工超过8层以后，每隔四层宜设置临时厕所。厕所应设专人负责清扫、消毒，化粪池应及时清掏。

（17）淋浴间内应设置满足需要的淋浴喷头，可设置储衣柜或挂衣架。

（18）盥洗设施应设置满足作业人员使用的盥洗池，并应使用节水龙头。

（19）生活区应设置开水炉、电热水器或饮用水保温桶；施工区应配备流动保温水桶。

（20）文体活动室应配备电视机、书报、杂志等文体活动设施、用品。

2．卫生与防疫

（1）施工现场应设专职或兼职保洁员，负责卫生清扫和保洁。

（2）办公区和生活区应采取灭鼠、蚊、蝇、蟑螂等措施，并应定期投放和喷洒药物。

（3）食堂必须有卫生许可证，炊事人员必须持身体健康证上岗。

（4）炊事人员上岗应穿戴洁净的工作服、工作帽和口罩，并应保持个人卫生。不得穿工作服出食堂，非炊事人员不得随意进入制作间。

（5）食堂的炊具、餐具和公用饮水器具必须清洗消毒。

（6）施工现场应加强食品、原料的进货管理，食堂严禁出售变质食品。

（7）施工现场作业人员发生法定传染病、食物中毒或急性职业中毒时，必须在2小时内向施工现场所在地建设行政主管部门和有关部门报告，并应积极配合调查处理。

（8）现场施工人员患有法定传染病时，应及时进行隔离，并由卫生防疫部门进行处置。

5.6.6 施工总平面图布置图的绘制

施工总平面图是施工组织总设计的重要内容，是要归入档案的技术文件之一。因此，要求精心设计，认真绘制。一般绘制步骤为：

（1）确定图幅大小和绘图比例。图幅大小和绘图比例应根据工地大小及布置内容多少来确定。图幅一般可选用1号图纸（840mm×594mm）或2号图纸（594mm×420mm），比例一般采用1：500或1：1000。

（2）合理规划和设计图面。施工总平面图，除了要反映现场的布置内容外，还要反映周围环境和面貌（如已有建筑物、场外道路等）。故绘图时，应合理规划和设计图面，并应留出一定的空余图面绘制指北针、图例及文字说明等。

（3）绘制建筑总平面图的有关内容。将现场测量的方格网、现场内外已建的房屋、构筑物、道路和拟建工程等，按正确的图例绘制在图面上。

（4）绘制工地需要的临时设施。根据布置要求及面积计算，将道路、仓库、加工厂和水、电管网等临时设施绘制到图面上去。对复杂的工程必要时可采用模型布置。

（5）形成施工总平面图。在进行各项布置后，经分析比较、调整修改，形成施工总平面图，并作必要的文字说明，标上图例、比例、指北针。完成的施工总平面图比例要准确，图例要规范，线条粗细分明，字迹端正，图面整洁、美观。图5-6为水岸住宅小区二期施工现场平面布置图。

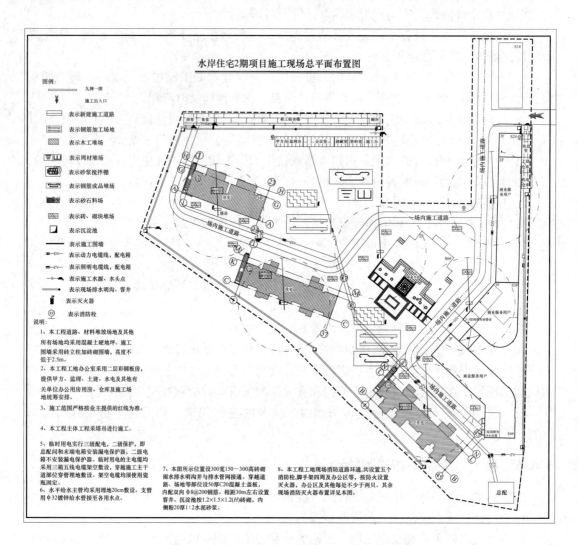

图 5-6　水岸住宅小区二期施工现场平面布置图

本章小结

本章主要介绍了施工组织总设计的编制，其编制内容和编制程序与单位工程施工组织设计的组成相类似，只是编制对象变成了建设项目或群体工程或特大工程项目，因此需要从全局的角度制定相应的内容。施工部署是对整个建设项目从全局上做出的统筹规划和全面安排，它主要解决影响建设项目全局的重大问题，是施工组织总设计的核心，也是编制施工总进度计划、施工总平面图以及各种供应计划的基础。施工总进度计划主要起控制总工期的作用，因此项目划分不宜过细，视实际情况可以具体到单项工程或单位工程。

思考与练习题

5-1 【2009 年一级建造师考题（有改动）】背景资料：某市中心区新建一座商业中心，建筑面积 26000m²，地下二层。地上十六层，一至三层有裙房，结构形式为钢筋混凝土框架结构，柱网尺寸为 8.4 m×7.2 m，其中二层南侧有通长悬挑露台，悬挑长度为 3m。施工现场内有一条 10 kV 高压线从场区东侧穿过，由于该 10 kV 高压线承担周边小区供电任务，在商业中心工程施工期间不能改线迁移。某施工总承包单位承接了该商业中心工程的施工总承包任务。该施工总承包单位进场后，立即着手进行施工现场平面布置：

① 在临市区主干道的南侧采用 1.6m 高的砖砌围墙作围挡；

② 为节约成本，施工总承包单位决定直接利用原土便道作为施工现场主要道路；

③ 为满足模板加工的需要搭设了一间 50m² 的木工加工间，并配置了一只灭火器；

④ 受场地限制在工地北侧布置塔吊一台，高压线处于塔吊覆盖范围以内。

主体结构施工阶段，为赶在雨季来临之前完成基槽回填土任务，施工总承包单位在露台同条件混凝土试块抗压强度达到设计强度的 80% 时，拆除了露台下模板支撑。主体结构施工完毕后，发现二层露台根部出现通长裂缝，经设计单位和相关检测鉴定单位认定，该裂缝严重影响露台的结构安全，必须进行处理，该裂缝事件造成直接经济损失 18 万元。

问题：

（1）指出施工总承包单位现场平面布置①～③中的不妥之处，并说明正确做法。

（2）在高压线处于塔吊覆盖范围内的情况下，施工总承包单位应如何保证塔吊运行安全？

（3）完成下表中 a、b、c 的内容，现浇混凝土结构底模及支架拆除时的混凝土强度要求？

底模及支架拆除时的混凝土强度要求 表 5-15

构件类型	构件跨度	达到设计的混凝土立方体抗压强度标准值的百分率（%）
梁	7.2m	a
	8.4m	b
悬挑露台	悬挑 3m	c

（4）根据《关于做好房屋建筑和市政基础设施工程质量事故报告和调查处理工作的通知》（建质〔2010〕111 号）规定，事故等级划分为哪几类？本工程露台结构质量问题是否属于质量事故？说明理由。

5-2 市中心区新建一座商业中心，建筑面积 26000m²，地下 2 层，地上 16 层，1～3 层有裙房，结构形式为钢筋混凝土框架结构。某施工总承包单位承接了该商业中心工程的施工总承包任务。该施工总承包单位进场后，立即着手进行施工现场平面布置：

① 施工场内主干道的宽度不小于 3m；

② 为了降低成本，现场只设置一条 3m 宽的施工道路兼作消防通道。现场平面呈长方形，在其对角布置了两个临时消火栓，两者之间相距 86m，其中一个距拟建建筑物 3m，另一个距路边 3m；

③ 为节约成本，施工总承包单位决定直接利用原土便道作为施工现场主要道路；

④ 为满足模板加工的需要，搭设了一间 50m² 的木工加工间，并配置了一只灭火器；

⑤ 施工临时用电要编制施工组织设计；

⑥ 特别潮湿场所，电源电压不得大于 12V；

⑦ 为了迎接上级单位的检查，施工单位临时在工地大门入口处的临时围墙上悬挂了"五牌"、"两图"，检查小组离开后，项目经理立即派人将之拆下运至工地仓库保管，以备再查时用。

问题：

（1）施工现场平面布置中，对运输道路布置的要求是什么？

（2）该工程设置的消防通道和消防栓的布置是否合理？请说明理由。

（3）指出③中施工道路的处理的不妥之处，说明理由。

（4）施工现场消防器材如何配备？

（5）什么情况下应编制临时用电施工组织设计？

（6）什么场所应使用安全特低电压照明器？

（7）何谓"五牌"、"两图"？该工程对现场"五牌"、"两图"的管理是否合理？请说明理由。

第6章 绿色施工组织

本章要点及学习目标

本章要点：

(1) 绿色施工的概念；

(2) 绿色施工的原则和总体框架；

(3) 绿色施工技术要点；

(4) 绿色施工评价框架体系；

(5) 绿色施工方案的编制内容和方法。

学习目标：

(1) 熟悉绿色施工的概念和本质；

(2) 熟悉绿色施工的总体框架；

(3) 熟悉绿色施工技术要点的内容；

(4) 掌握绿色施工评价框架体系的内容；

(5) 掌握绿色施工方案的编制内容和方法。

6.1 绿色施工的概述

6.1.1 绿色施工的发展和概念

20 世纪 60 年代，美籍意大利建筑师鲍罗·索勒里（Paul soleri）首次提出了著名的"生态建筑"概念。进一步，绿色建筑的内涵则包含了建筑全生命周期内可持续发展的理念。20 世纪 80 年代，发达国家施工企业开始了对绿色施工（亦称清洁施工、可持续施工、环保施工）的探索。为了促进施工企业实施绿色施工，日、美、德等发达国家都制定了相应的法律法规和政策，使绿色施工规范化、标准化，并取得了较好的社会经济和环境效益。1994 年，我国政府发布了《中国 21 世纪议程》，此后我国便开始推行可持续发展战略，绿色建筑与绿色施工逐渐成为建筑业的热点。2007 年 9 月，建设部发布《绿色施工导则》，该导则明确了绿色施工的概念，是开展绿色施工的指导性文件，对建筑施工中的节能、节材、节水、节地以及环境保护（简称"四节一环保"）提出了一系列要求和措施。2010 年住房城乡建设部发布了《建筑工程绿色施工评价标准》GB/T 50640—2010，为绿色施工评价提供了依据。2014 年住房城乡建设部发布了《建筑工程绿色施工规范》GB/T 50905—2014，将《绿色施工导则》和《建筑工程绿色施工评价标准》联系起来，使《绿色施工导则》的指导原则、意识培养和《建筑工程绿色施工评价标准》的目标实现之间有了具体实现措施，三者形成了绿色施工指导体系。

《绿色施工导则》中对绿色施工给出了较为权威的定义：在工程建设中，在保证质量、安全等基本要求的前提下，通过科学管理和技术进步，最大限度地节约资源与减少对环境负面影响的施工活动，实现"四节一环保"。这一定义突出了绿色施工的本质是将可持续发展的理念和节约资源、减少对环境负面影响的要求运用于施工过程中。

6.1.2　绿色施工的特点

绿色施工模式是社会发展的必然趋势，也成为目前企业可持续发展的必然选择。当然，值得一提的是，绿色施工并不是一种完全独立的施工体系，是在传统施工基础上的提升。绿色施工的特点主要表现在以下五个方面：

（1）资源节约

建设项目通常要使用大量的材料、能源和水等资源，绿色施工要求在工程安全和质量的前提下，把节约资源（节材、节水、节能、节地等）作为施工中的控制目标，并根据项目的特殊性，制定具有针对性的节约措施。

（2）环境友好

绿色施工的另一个重要方面，就是尽量降低施工过程对环境的负面影响，以"减少场地干扰、尊重基地环境"为原则，制定环保措施（主要关于扬尘、噪声、光污染、水污染、周边环境改变以及大量建筑垃圾等），抓好环保工作，达到环境保护目标。

（3）经济高效

在可持续发展的思想指导下，运用生态学规律指导人们在施工中如何利用资源，以求实现"资源-产品-再生资源-再生产品"的循环流动，如此一来，在这种不断经济循环中，能源和资源都得到了合理和持久的利用，提高了利用效率，从而实现经济高效。

（4）系统性强

传统施工虽然有资源和环保指标，但相对来说比较局限，比如利用环保的施工机具和环保型封闭施工等，而绿色施工是一个系统工程，其绿色体现在每个环节，并且环环相扣、紧密相连，包括：施工策划、材料采购、现场施工、工程验收等，"绿色"贯穿于全过程。

（5）信息技术支持

随着项目施工的进展，各种资源的利用量是随着工程量和进度计划安排的变化而变化的。通常，传统施工在选择机械、设备、材料等资源时往往会以主观的方式进行决策，如此选择相对较为粗放，为保险起见，决策者一般会刻意高估资源需求量，从而导致不必要的浪费。此外，在工程量动态变化中进行动态调整的工作更是难上加难。因此，只有借助信息技术才能高效的动态监管，实施绿色施工。

6.1.3　绿色施工与绿色建筑、传统施工的关系

1. 绿色施工与绿色建筑

绿色建筑是指从策划、设计、施工、运营、拆除的全寿命周期内，最大限度地节约资源、保护环境和减少污染，为人们提供健康、适用和高效的使用空间以及自然和谐共生的建筑（图6-1）。绿色建筑不仅要在设计阶段实现绿色设计，还要在施工和运营

阶段同样减少资源浪费和环境污染。因此严格地说，绿色建筑应该包括绿色施工，开展绿色施工是实现绿色建筑的重要环节。同时需要指出的是，绿色施工成果不一定是绿色建筑。

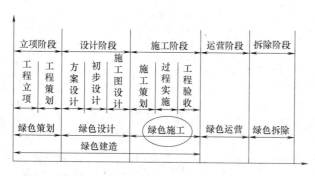

图 6-1 绿色建筑的全生命周期示意图

2. 绿色施工与传统施工的关系

绿色施工和传统施工一样，均包含施工对象、资源配置、实现方法、产品验收和目标控制五大要素。两者的主要区别在于目标控制要素不同。一般工程施工的目标控制包括"质量、安全、工期和成本"4 个要素，而绿色施工除上述要素外，还把"环境保护和资源节约"作为主控目标。同时，传统施工中所谓的"节约"与绿色施工中的"四节"也不尽相同。前者主要基于项目部的降低成本和减少材料消耗的要求。后者则以环境友好为目标，强调国家和地方的可持续发展、环境保护及资源高效利用，意在创造一种对自然环境和人类社会影响最小，利于资源高效利用和保护的新施工模式。

因此，对于工程施工方而言，推进绿色施工往往会增加工程施工成本；环境和资源保护工作做得越多，要求越严格，施工成本增加越多，施工项目部所面临的亏损压力也越大。但是，绿色施工引起的工程项目部效益的"小损失"换来的却是国家整体环境治理的"大收益"。

6.2 绿色施工的总体框架

（1）绿色施工的原则

绿色施工是建筑全寿命周期中的一个重要阶段。实施绿色施工，应进行总体方案优化。在规划、设计阶段，应充分考虑绿色施工的总体要求，为绿色施工提供基础条件；应对施工策划、材料采购、现场施工、工程验收等各阶段进行控制，加强对整工过程的管理和监督。

（2）绿色施工总体框架

绿色施工总体框架由施工管理、环境保护、节材与材料资源利用、节水与水资源利用、节能与能源利用、节地与施工用地保护六个方面组成（图 6-2）。这六个方面涵盖了绿色施工的基本指标，同时包含了施工策划、材料采购、现场施工、工程验收等各阶段的指标的子集。在制定具体的绿色施工目标时，必须根据绿色施工总体框各阶段的指标体系进行确定。

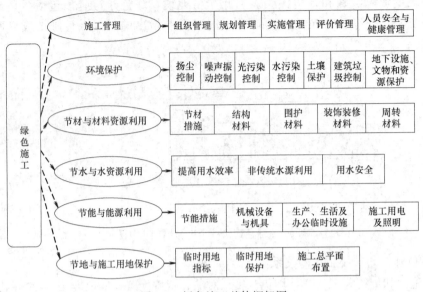

图 6-2　绿色施工总体框架图

6.3　绿色施工管理技术要点

从绿色施工的定义可以看出，实现绿色施工要靠科学管理和技术进步，两者缺一不可。但将科学管理置于技术进步之前，是有深层次地考虑的，说明科学管理比技术进步更为重要，其包含的实质内容也是管理重于技术。绿色施工管理主要包括：组织管理、规划管理、实施管理、评价管理和人员安全与健康管理五个方面。

6.3.1　绿色施工组织管理

绿色施工组织管理就是设计并建立绿色施工管理体系，通过制定系统完整的管理制度和绿色施工整体目标，将绿色施工有关内容分解到管理体系目标中去，使参建各方在建设单位的组织协调下各司其职地参与到绿色施工过程中，使绿色施工规范化、标准化。

1. 绿色施工管理体系的建立

（1）设立两级绿色施工管理机构，总体负责项目绿色施工实施管理。一级机构为建设单位组织协调的管理机构（绿色施工管理委员会），其成员包括建设单位、设计单位、监理单位、施工单位。二级机构为施工单位建立的管理实施机构（绿色施工管理小组），主要成员为施工单位各职能部门和相关协力单位。建设单位和施工单位的项目经理应分别作为两级机构绿色施工管理的第一责任人。

（2）各级机构中任命分项绿色施工管理责任人，负责该机构所涉及的与绿色施工相关的分项任务处理和信息沟通。

（3）以管理责任人为节点，将机构中不同组织层次的人员都融入绿色施工管理体系中，实现全员、全过程、全方位、全层次管理。

2. 任务分工及职能责任分配

（1）管理任务分工

在项目实施阶段应对各参建单位的管理任务进行分解（图6-3）。管理任务分工应明确表示各项工作任务由哪个单位或部门（个人）负责，由哪些单位或部门（个人）参与，并在项目实施过程中不断对其进行跟踪调整完善。

（2）管理职能责任分配

通过管理任务分解，可以建立责任分配矩阵，如表6-1所示。

3. 建立项目内外沟通交流机制

绿色施工管理体系应建立良好的内部和外部沟通交流机制，使得来自项目外部的相关政策、项目内部绿色施工实施执行的情况和遇到的主要问题等信息能够有效传递。

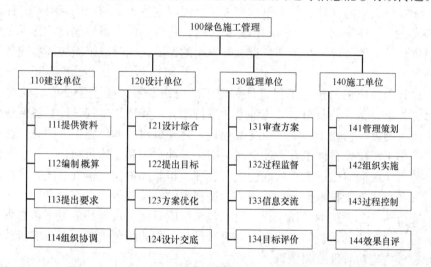

图6-3 绿色施工管理的任务分解图

绿色施工管理职能责任分配矩阵　　　　　表6-1

任务		责任者								
编码	名称	领导班子	安全部	质量部	工程部	技术部	物资部	商务部	信息部	…
111	提供资料	S			C	F	C	C		
112	编制概算	S			C	C	C	F		
113	提出要求		C	C	C	F	C			
114	组织协调	F	C	C	C	C	C	C	C	
121	设计综合	S			C	F			C	
122	提出目标	S	J	J	C	F	C	C		
123	方案优化	S			C	F	C			
124	设计交底		J	J	C	F	C			
131	审查方案	S	C	C	C	F	C	C	C	
132	过程监督		J	J	F	C	C	C	C	
133	信息交流	C			C	C	C	C	F	
134	目标评价		J	J	F	C	C			
141	管理策划	S	C	C	F	C	C	C	C	
142	组织实施	S	J	J	F	C	C			
143	过程控制	S	J	J	F	C	C	C	C	
144	效果自评	S	J	J	F	C	C	C	C	

注：F负责；C参与；S审批；J监督。

6.3.2　绿色施工规划管理

绿色施工规划管理主要是指编制执行总体方案和独立成章的绿色施工方案，实质是对实施过程进行控制，以达到设计所要求的绿色施工目标。

1. 总体方案的编制

建设项目总体方案的优劣直接影响到管理实施的效果，要实现绿色施工的目标，就必须将绿色施工的思想体现到总体方案中去。同时，根据建筑项目的特点，在进行方案编制时，应该考虑各参建单位的因素：

（1）建设单位应向设计、施工单位提供建设工程绿色施工的相关资料，并保证资料的真实性和完整性；在编制工程概算和招标文件时，建设单位应明确建设工程绿色施工的要求，并提供包括场地、环境、工期、资金等方面的保障，同时应组织协调参建各方的绿色施工管理等工作。

（2）设计单位应根据建筑工程设计和施工的内在联系，按照建设单位的要求，将土建、装修、机电设备安装及市政设施等专业进行综合，使建筑工程设计和各专业施工形成一个有机统一的整体，便于施工单位统筹规划，合理组织一体化施工。同时，在开工前设计单位要向施工单位作整体工程设计交底，明确设计意图和整体目标。

（3）监理单位应对建设工程的绿色施工管理承担监理责任，审查总体方案中的绿色专项施工方案及具体施工技术措施，并在实施过程中做好监督检查工作。

（4）实行施工总承包的建设工程，总承包单位应对施工现场绿色施工负总责，分包单位应服从总承包单位的绿色施工管理，并对所承包工程的绿色施工负责。实行代建制管理的，各分包单位应对管理公司负责。

2. 绿色施工方案的编制

（1）在总体方案中，绿色施工方案应独立成章，将总体方案中与绿色施工有关的内容进行细化。应以具体的数值明确项目所要达到的绿色施工具体目标，比如材料节约率及消耗量、资源节约量、施工现场环境保护控制水平等。

（2）根据总体方案，提出建设各阶段绿色施工控制要点。

（3）根据绿色施工控制要点，列出各阶段绿色施工具体保证实施措施，见表6-2。

（4）列出能够反映绿色施工思想的现场各阶段的绿色施工专项管理手段。

绿色施工控制主要措施内容　　　　　　　　　　　　表6-2

序号	项目	主要措施内容
1	环境保护	制定环境管理计划及应急救援预案,采取有效措施,降低环境负荷,保护地下设施和文物等资源
2	节材	在保证工程安全与质量的前提下,制定节材措施。如进行施工方案的节材优化,建筑垃圾减量化,尽量利用可循环材料等
3	节水	根据工程所在地的水资源状况,制定节水措施
4	节能	进行施工节能策划,确定目标,制定节能措施
5	节地与施工用地保护	制定临时用地指标、施工总平面布置规划及临时用地节地措施等

6.3.3　绿色施工实施管理

实施管理是指绿色施工方案确定之后，在项目的实施管理阶段，对绿色施工方案实施过程进行策划和控制，以达到绿色施工目标。

1. 绿色施工目标控制

建设项目随着施工阶段的发展必将对绿色施工目标的实现产生干扰。为了保证绿色施工目标顺利实现，可以采取相应措施对整个施工过程进行控制：

（1）目标分解

绿色施工目标包括绿色施工方案目标、绿色施工技术目标、绿色施工控制要点目标以及现场施工过程控制目标等，可以按照施工内容的不同分为几个阶段，将绿色施工策划目标的限值作为实际操作中的目标值进行控制。

（2）动态控制

在施工过程中收集各个阶段绿色施工控制的实测数据，定期将实测数据与目标值进行比较，当发现偏离时，及时分析偏离原因、确定纠正措施、采取纠正行动，实现 PDCA (Plan-Do-Check-Action) 循环控制管理，将控制贯穿到施工策划、施工准备、材料采购、现场施工、工程验收等各阶段的管理和监督之中，直至目标实现为止。

2. 施工现场管理

建设项目环境污染和资源能源消耗浪费主要发生在施工现场，因此施工现场管理的好坏，直接决定绿色施工整体目标能否实现。绿色施工现场管理的内容包括：

（1）明确绿色施工控制要点：结合工程项目的特点，将绿色施工方案中的绿色施工控制要点进行有针对性的宣传和交底，营造绿色施工的氛围。

（2）制定管理计划：明确各级管理人员的绿色施工管理责任，明确各级管理人员相互间及现场与外界（项目业主、设计、政府等）间的沟通交流渠道与方式。

（3）制定专项管理措施，加强一线管理人员和操作人员的培训。

（4）监督实施：对绿色施工控制要点要确保贯彻实施，对现场管理过程中发现的问题进行及时详细地记录，分析未能达标的原因，提出改正及预防措施并予以执行，逐步实现绿色施工管理目标。

6.3.4 绿色施工评价管理

开展绿色施工评价可为政府或承包商建立绿色施工的行为准则，在理论基础上明确被社会广泛接受的绿色施工的概念及原则。只有真实、准确地对绿色施工进行评价，才能了解绿色施工的状况和水平，发现其中存在的问题及薄弱环节，并在此基础上进行持续改进，使绿色施工的技术和管理手段更加完善。2007 年发布的《绿色施工导则》中对绿色施工评价管理的要求为：①对照本导则的指标体系，结合工程特点，对绿色施工的效果及采用的新技术、新设备、新材料与新工艺，进行自评估；②成立专家评估小组，对绿色施工方案、实施过程至项目竣工，进行综合评估。2010 住房城乡建设部发布了《建筑工程绿色施工评价标准》GB/T 50640—2010，为绿色施工评价提供了依据。

1. 绿色施工评价框架体系

绿色施工评价框架体系主要由：评价阶段、评价要素、评价指标和评价等级四个方面构成，见图 6-4。

（1）评价阶段：宜按"地基与基础工程"、"结构工程"、"装饰装修与机电工程"进行。

（2）评价要素：包括"四节一环保"五个要素，即：环境保护、节材与材料资源利用、节水与水资源利用、节能与能源利用、节地与土地资源保护五个要素。

（3）评价指标：由"控制项"、"一般项"、"优选项"三类指标组成。

（4）评价等级：分为"不合格"、"合格"和"优良"。

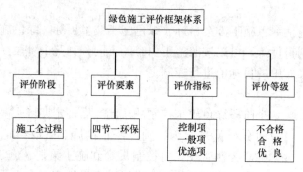

图 6-4　绿色施工评价体系

2. 绿色施工评价方法

（1）评价频率

绿色施工项目自评价次数每月不少于 1 次，且每阶段不应少于 1 次。

（2）评价方法

1）控制项指标，必须全部满足；评价方法应符合表 6-3 的规定。

控制项评价方法　　　　　　　表 6-3

评分要求	结　论	说　明
措施到位，全部满足考评指标要求	符合要求	进入评分流程
措施不到位，不满足考评指标要求	不符合要求	一票否决，为非绿色施工项目

2）一般项指标，应根据实际发生项执行的情况计分，评价方法符合表 6-4 的规定。

一般项计分标准　　　　　　　表 6-4

评分要求	评　分
措施到位，满足考评指标要求	2
措施基本到位，部分满足考评指标要求	1
措施不到位，不满足考评指标要求	0

3）优选项指标，应根据实际发生项执行情况加分，评价方法应符合表 6-5 的规定。

优选项加分标准　　　　　　　表 6-5

评分要求	评　分
措施到位，满足考评指标要求	1
措施基本到位，部分满足考评指标要求	0.5
措施不到位，不满足考评指标要求	0

（3）要素评价得分应符合下列规定

1) 一般项得分按百分制折算，并按公式（6-1）进行计算：

$$A = (B/C) \times 100 \qquad (6\text{-}1)$$

式中　A——折算分；

　　　B——实际发生项条目实得分之和；

　　　C——实际发生项条目应得分之和。

2) 优选项计分应按照优选项实际发生条目加分求和 D；

3) 要素评价得分：F＝一般项折算分 A＋优选项加分 D。

（4）批次评价得分应符合下列规定

1) 批次评价应按表 6-6 的规定进行要素权重确定。

批次评价要素权重系数　　　　　　　　　　表 6-6

评价要素	地基与基础、结构工程、装饰装修与机电安装
环境保护	0.3
节材与材料资源利用	0.2
节水与水资源利用	0.2
节能与能源利用	0.2
节地与施工用地保护	0.1

2) 批次评价得分：$E = \sum$（要素评价得分 $F \times$ 权重系数）。

（5）阶段评价得分

$$G = \frac{\sum 批次评价得分 E}{评价批次数}$$

（6）单位工程绿色评价得分应符合下列规定

1) 单位工程评价应按表 6-7 的规定进行要素权重确定。

单位工程要素权重系数表　　　　　　　　　表 6-7

评　价　阶　段	权　重　系　数
地基与基础	0.3
结构工程	0.5
装饰装修与机电安装	0.2

2) 单位工程评价得分：$W = \sum$ 阶段评价得分 $G \times$ 权重系数。

（7）单位工程绿色施工等级应按下列规定进行判定

1) 有下列情况之一者为不合格：

① 控制项不满足要求；

② 单位工程总得分小于 60 分；

③ 结构工程阶段得分小于 60 分。

2) 满足以下条件者为合格：

① 控制箱全部满足要求；

② 单位工程总得分 60 分≤W＜80 分，结构工程得分不小于 60 分；

③ 至少每个评价要素各有一项优选项得分，优选项总分不小于 5。

3）满足以下条件者为优良：

① 控制项全部满足要求；

② 单位工程总得分 W≥80 分，结构工程得分不小于 80 分；

③ 至少每个评价要素中有两项优选项得分，优选项总分不小于 10。

3. 评价组织与程序

（1）评价组织

1）单位工程绿色施工评价应由建设单位组织，项目施工单位和监理单位参加，评价结果应由建设、监理、施工单位三方签认。

2）单位工程施工阶段评价应由监理单位组织，项目建设单位和施工单位参加，评价结果应由建设、监理、施工单位三方签认。

3）单位工程施工批次评价应由施工单位组织，项目建设单位和监理单位参加，评价结果应由建设、监理、施工单位三方签认。

4）企业应进行绿色施工的随机检查，并对绿色施工目标的完成情况进行评估。

5）项目部会同建设和监理单位应根据绿色施工情况，制定改进措施，由项目部实施该进。

6）项目部应接受建设单位、政府主管部门及其委托单位的绿色施工检查。

（2）评价程序

1）单位工程绿色施工评价应在批次评价和阶段评价的基础上进行。

2）单位工程绿色施工评价应由施工单位书面申请，在工程竣工验收前进行评价。

3）单位工程绿色施工评价应检查相关技术和管理资料，并应听取施工单位《绿色施工总体情况报告》，综合确定绿色施工评价等级。

4）单位工程绿色施工评价结果应在有关部门备案。

4. 绿色施工示范工程

绿色施工示范工程是在达到《绿色施工评价标准》中的优良等级的基础上，从不同层面（企业层面、地市级层面、省部级层面、国家层面）提出的更高要求：

1）绿色施工基本评价：应以《建筑工程绿色施工评价标准》为依据，由相应层面派出的专家组进行定性和定量评价，权重占 60%。

2）绿色施工技术创新评价：权重占 20%。

3）绿色施工创效评价：权重占 20%。

6.3.5　人员安全与健康管理

（1）制订施工防尘、防毒、防辐射等职业危害的措施，保障施工人员的长期职业健康。

（2）合理布置施工场地，保护生活及办公区不受施工活动的有害影响。施工现场建立卫生急救、保健防疫制度，在安全事故和疾病疫情出现时提供及时救助。

（3）提供卫生、健康的工作与生活环境，加强对施工人员的住宿、膳食、饮用水等生活与环境卫生等管理，明显改善施工人员的生活条件。

6.4　绿色施工"四节一环保"技术要点

6.4.1　环境保护

环境保护绿色施工技术要点主要包括七个方面内容：①扬尘控制；②噪声与振动控制；③光污染控制；④水污染控制；⑤土壤保护；⑥建筑垃圾控制；⑦地下设施、文物和资源保护。

1. 扬尘控制

1) 运送土方、垃圾、设备及建筑材料等，不污损场外道路。运输容易散落、飞扬、流漏的物料的车辆，必须采取措施封闭严密，保证车辆清洁。施工现场出口应设置洗车槽。

2) 土方作业阶段，采取洒水、覆盖等措施，达到作业区目测扬尘高度小于 1.5m，不扩散到场区外。

3) 结构施工、安装装饰装修阶段，作业区目测扬尘高度小于 0.5m。对易产生扬尘的堆放材料应采取覆盖措施；对粉末状材料应封闭存放；场区内可能引起扬尘的材料及建筑垃圾搬运应有降尘措施，如覆盖、洒水等；浇筑混凝土前清理灰尘和垃圾时尽量使用吸尘器，避免使用吹风器等易产生扬尘的设备；机械剔凿作业时可用局部遮挡、掩盖、水淋等防护措施；高层或多层建筑清理垃圾应搭设封闭性临时专用道或采用容器吊运。

4) 施工现场非作业区达到目测无扬尘的要求。对现场易飞扬物质采取有效措施，如洒水、地面硬化、围挡、密网覆盖、封闭等，防止扬尘产生。

5) 构筑物机械拆除前，做好扬尘控制计划。可采取清理积尘、拆除体洒水、设置隔挡等措施。

6) 构筑物爆破拆除前，做好扬尘控制计划。可采用清理积尘、淋湿地面、预湿墙体、屋面敷水袋、楼面蓄水、建筑外设高压喷雾状水系统、搭设防尘排栅和直升机投水弹等综合降尘。选择风力小的天气进行爆破作业。

7) 在场界四周隔挡高度位置测得的大气总悬浮颗粒物（TSP）月平均浓度与城市背景值的差值不大于 $0.08\text{mg}/\text{m}^3$。

2. 噪声与振动控制

1) 现场噪声排放不得超过国家标准《建筑施工场界环境噪声排放标准》GB 12523—2011 的规定。

2) 在施工场界对噪声进行实时监测与控制。监测方法执行国家标准《建筑施工场界环境噪声排放标准》GB 12523—2011。

3) 使用低噪声、低振动的机具，采取隔声与隔振措施，避免或减少施工噪声和振动。

3. 光污染控制

1) 尽量避免或减少施工过程中的光污染。夜间室外照明灯加设灯罩，透光方向集中在施工范围。

2) 电焊作业采取遮挡措施，避免电焊弧光外泄。

4. 水污染控制

1）施工现场污水排放应达到国家标准《污水综合排放标准》GB 8978—1996 的要求。

2）在施工现场应针对不同的污水，设置相应的处理设施，如沉淀池、隔油池、化粪池等。

3）污水排放应委托有资质的单位进行废水水质检测，提供相应的污水检测报告。

4）保护地下水环境。采用隔水性能好的边坡支护技术。在缺水地区或地下水位持续下降的地区，基坑降水尽可能少地抽取地下水；当基坑开挖抽水量大于 50 万 m^3 时，应进行地下水回灌，并避免地下水被污染。

5）对于化学品等有毒材料、油料的储存地，应有严格的隔水层设计，做好渗漏液收集和处理。

5. 土壤保护

1）保护地表环境，防止土壤侵蚀、流失。因施工造成的裸土，及时覆盖砂石或种植速生草种，以减少土壤侵蚀；因施工造成容易发生地表径流土壤流失的情况，应采取设置地表排水系统、稳定斜坡、植被覆盖等措施，减少土壤流失。

2）沉淀池、隔油池、化粪池等不发生堵塞、渗漏、溢出等现象。及时清掏各类池内沉淀物，并委托有资质的单位清运。

3）对于有毒有害废弃物如电池、墨盒、油漆、涂料等应回收后交有资质的单位处理，不能作为建筑垃圾外运，避免污染土壤和地下水。

4）施工后应恢复施工活动破坏的植被（一般指临时占地内）。与当地园林、环保部门或当地植物研究机构进行合作，在先前开发地区种植当地或其他合适的植物，以恢复剩余空地地貌或科学绿化，补救施工活动中人为破坏植被和地貌造成的土壤侵蚀。

6. 建筑垃圾控制

1）制定建筑垃圾减量化计划，如住宅建筑，每万平方米的建筑垃圾不宜超过 400t。

2）加强建筑垃圾的回收再利用，力争建筑垃圾的再利用和回收率达到 30%，建筑物拆除产生的废弃物的再利用和回收率大于 40%。对于碎石类、土石方类建筑垃圾，可采用地基填埋、铺路等方式提高再利用率，力争再利用率大于 50%。

3）施工现场生活区设置封闭式垃圾容器，施工场地生活垃圾实行袋装化，及时清运。对建筑垃圾进行分类，并收集到现场封闭式垃圾站，集中运出。

7. 地下设施、文物和资源保护

1）施工前应调查清楚地下各种设施，做好保护计划，保证施工场地周边的各类管道、管线、建筑物筑物的安全运行。

2）施工过程中一旦发现文物，立即停止施工保护现场，通报文物部门并协助做好工作。

3）避让、保护施工场区及周边的古树名木。

4）逐步开展统计分析施工项目的 CO_2 排放及各种不同植被和树种的 CO_2 固定量的工作。

6.4.2   节材与材料资源利用

节材与材料资源利用绿色施工技术要点主要包括五个方面内容：①节材措施；②结构材料；③围护材料；④装饰装修材料；⑤周转材料。

1. 节材措施

1）图纸会审时，应审核节材与材料资源利用关内容，达到材料损耗率比定额损耗率降低30%。

2）根据施工进度、库存情况等合理安排材料购、进场时间和批次，减少库存。

3）现场材料堆放有序。储存环境适宜，措施及保管制度健全，责任落实。

4）材料运输工具适宜，装卸方法得当，防止损伤和遗洒。根据现场平面布置情况就近卸载，避免和减少二次搬运。

5）采取技术和管理措施提高模板、脚手架等周转次数。

6）优化安装工程的预留、预埋、管线路径等方案。

7）就地取材，施工现场500km以内生产筑材料用量占建筑材料总重量的70%以上。

2. 结构材料

1）推广使用预拌混凝土和商品砂浆。准确计购数量、供应频率、施工速度等，在施工过程中动制。结构工程使用散装水泥。

2）推广使用高强钢筋和高性能混凝土，减少消耗。

3）推广钢筋专业化加工和配送。

4）优化钢筋配料和钢构件下料方案。钢筋及构件制作前应对下料单及样品进行复核，无误后方可批量下料。

5）优化钢结构制作和安装方法。大型钢结柱用工厂制作，现场拼装；宜采用分段吊装、整体提升、滑移、顶升等安装方法，减少方案的措施用材量。

6）采取数字化技术，对大体积混凝土、大跨构等专项施工方案进行优化。

3. 围护材料

1）门窗、屋面、外墙等围护结构选用耐候性久性良好的材料，施工确保密封性、防水性和保温隔热性。

2）门窗采用密封性、保温隔热性能、隔声性能良好的型材和玻璃等材料。

3）屋面材料、外墙材料具有良好的防水性能和保温隔热性能。

4）当屋面或墙体等部位采用基层加设保温隔热系统的方式施工时，应选择高效节能、耐久性好的保温隔热材料，以减小保温隔热层的厚度及材料用量。

5）屋面或墙体等部位的保温隔热系统采用专用的配套材料，以加强各层次之间的粘结或连接强度，确保系统的安全性和耐久性。

6）根据建筑物的实际特点，优选屋面或外墙的保温隔热材料系统和施工方式，例如保温板粘贴、保温板干挂、聚氨酯硬泡喷涂、保温浆料涂抹等，以保证保温隔热效果，并减少材料浪费。

7）加强保温隔热系统与围护结构的节点处理，尽量降低热桥效应。针对建筑物的不同部位保温隔热特点，选用不同的保温隔热材料及系统，以做到经济适用。

4. 装饰装修材料

1）贴面类材料在施工前，应进行总体排版策划，减少非整块材的数量。

2）采用非木质的新材料或人造板材代替木质板材。

3）防水卷材、壁纸、油漆及各类涂料基层必须符合要求，避免起皮、脱落。各类油漆及胶粘剂应随用随开启，不用时及时封闭。

　　4）幕墙及各类预留预埋应与结构施工同步。

　　5）木制品及木装饰用料、玻璃等各类板材等宜在工厂采购或定制。

　　6）采用自粘类片材，减少现场液态胶粘剂的使用量。

　　5. 周转材料

　　1）应选用耐用、维护与拆卸方便的周转材料和机具。

　　2）优先选用制作、安装、拆除一体化的专业队伍进行模板工程施工。

　　3）模板应以节约自然资源为原则，推广使用定型钢模、钢框竹模、竹胶板。

　　4）施工前应对模板工程的方案进行优化。多层、高层建筑使用可重复利用的模板体系，模板支撑宜采用工具式支撑。

　　5）优化高层建筑的外脚手架方案，采用整体提升、分段悬挑等方案。

　　6）推广采用外墙保温板替代混凝土施工模板的技术。

　　7）现场办公和生活用房采用周转式活动房。现场围挡应最大限度地利用已有围墙，或采用装配式可重复使用围挡封闭。力争工地临房、临时围挡材料的可重复使用率达到70%。

6.4.3　节水与水资源利用

　　节水与水资源利用绿色施工技术要点主要包括三个方面内容：①提高水效率；②非传统水源利用；③用水安全。

　　1. 提高用水效率

　　1）施工中采用先进的节水施工工艺。

　　2）施工现场喷洒路面、绿化浇灌不宜使用市政自来水。现场搅拌用水、养护用水应采取有效的节水措施，严禁无措施浇水养护混凝土。

　　3）施工现场供水管网应根据用水量设计布置，管径合理、管路简捷，采取有效措施减少管网和用水器具的漏损。

　　4）现场机具、设备、车辆冲洗用水必须设立循环用水装置。施工现场办公区、生活区的生活用水采用节水系统和节水器具，提高节水器具配置比率。项目临时用水应使用节水型产品，安装计量装置，采取针对性的节水措施。

　　5）施工现场建立可再利用水的收集处理系统，使水资源得到梯级循环利用。

　　6）施工现场分别对生活用水与工程用水确定用水定额指标，并分别计量管理。

　　7）大型工程的不同单项工程、不同标段、不同分包生活区，凡具备条件的应分别计量用水量。在签订不同标段分包或劳务合同时，将节水定额指标纳入合同条款，进行计量考核。

　　8）对混凝土搅拌站点等用水集中的区域和工艺点进行专项计量考核。施工现场建立雨水、中水或可再利用水的搜集利用系统。

　　2. 非传统水源利用

　　1）优先采用中水搅拌、中水养护，有条件的地区和工程应收集雨水养护。

　　2）处于基坑降水阶段的工地，宜优先采用地下水作为混凝土搅拌用水、养护用水、冲洗用水和部分生活用水。

　　3）现场机具、设备、车辆冲洗、喷洒路面、绿化浇灌等用水，优先采用非传统水源，尽量不使用市政自来水。

4) 大型施工现场,尤其是雨量充沛地区的大型施工现场建立雨水收集利用系统,充分收集自然降水用于施工和生活中适宜的部位。

5) 力争施工中非传统水源和循环水的再利用量大于30%。

3. 用水安全

在非传统水源和现场循环再利用水的使用过程中,应制定有效的水质检测与卫生保障措施,确保避免对人体健康、工程质量以及周围环境产生不良影响。

6.4.4 节能与能源利用

节能与能源利用绿色施工技术要点主要包括四个方面内容:①节能措施;②机械设备与机具;③生产、生活及办公临时设施;④施工用电和照明。

1. 节能措施

1) 制订合理施工能耗指标,提高施工能源利用率。

2) 优先使用国家、行业推荐的节能、高效、环保的施工设备和机具,如选用变频技术的节能施工设备等。

3) 施工现场分别设定生产、生活、办公和施工设备的用电控制指标,定期进行计量、核算、对比分析,并有预防与纠正措施。

4) 在施工组织设计中,合理安排施工顺序、工作面,以减少作业区域的机具数量,相邻作业区充分利用共有的机具资源。安排施工工艺时,应优先考虑耗用电能的或其他能耗较少的施工工艺。避免设备额定功率远大于使用功率或超负荷使用设备的现象。

5) 根据当地气候和自然资源条件,充分利用太阳能、地热等可再生能源。

2. 机械设备与机具

1) 建立施工机械设备管理制度,开展用电、用油计量,完善设备档案,及时做好维修保养工作,使机械设备保持低耗、高效的状态。

2) 选择功率与负载相匹配的施工机械设备,避免大功率施工机械设备低负载、长时间运行。机电安装可采用节电型机械设备,如逆变式电焊机和能耗低、效率高的手持电动工具等,以利节电。机械设备宜使用节能型油料添加剂,在可能的情况下,考虑回收利用,节约油量。

3) 合理安排工序,提高各种机械的使用率和满载率,降低各种设备的单位耗能。

3. 生产、生活及办公临时设施

1) 利用场地自然条件,合理设计生产、生活及办公临时设施的体形、朝向、间距和窗墙面积比,使其获得良好的日照、通风和采光。南方地区可根据需要在其外墙窗设遮阳设施。

2) 临时设施宜采用节能材料,墙体、屋面使用隔热性能好的材料,减少夏天空调、冬天取暖设备的使用时间及耗能量。

3) 合理配置采暖、空调、风扇数量,规定使用时间,实行分段分时使用,节约用电。

4. 施工用电及照明

1) 临时用电优先选用节能电线和节能灯具,临电线路合理设计、布置,临电设备宜采用自动控制装置。采用声控、光控等节能照明灯具。

2）照明设计以满足最低照度为原则，照度不应超过最低照度的20%。

6.4.5　节地与施工用地保护

节地与施工用地保护绿色施工技术要点主要包括三个方面内容：①临时用地指标；②临时用地保护；③施工总平面布置。

1. 临时用地指标

1）根据施工规模及现场条件等因素合理确定临时设施，如临时加工厂、现场作业棚及材料堆场、办公生活设施等的占地指标。临时设施的占地面积应按用地指标所需的最低面积设计。

2）要求平面布置合理、紧凑，在满足环境、职业健康与安全及文明施工要求的前提下尽可能减少废弃地和死角，临时设施占地面积有效利用率大于90%。

2. 临时用地保护

1）应对深基坑施工方案进行优化，减少土方开挖和回填量，最大限度地减少对土地的扰动，保护周边自然生态环境。

2）红线外临时占地应尽量使用荒地、废地，少占用农田和耕地。工程完工后，及时对红线外占地恢复原地形、地貌，使施工活动对周边环境的影响降至最低。

3）利用和保护施工用地范围内原有绿色植被。对于施工周期较长的现场，可按建筑永久绿化的要求，安排场地新建绿化。

3. 施工总平面布置

1）施工总平面布置应做到科学、合理，充分利用原有建筑物、构筑物、道路、管线为施工服务。

2）施工现场搅拌站、仓库、加工厂、作业棚、材料堆场等布置应尽量靠近已有交通线路或即将修建的正式或临时交通线路，缩短运输距离。

3）临时办公和生活用房应采用经济、美观、占地面积小、对周边地貌环境影响较小，且适合于施工平面布置动态调整的多层轻钢活动板房、钢骨架水泥活动板房等标准化装配式结构。生活区与生产区应分开布置，并设置标准的分隔设施。

4）施工现场围墙可采用连续封闭的轻钢结构预制装配式活动围挡，减少建筑垃圾，保护土地。

5）施工现场道路按照永久道路和临时道路相结合的原则布置。施工现场内形成环形通路，减少道路占用土地。

6）临时设施布置应注意远近结合（本期工程与下期工程），努力减少和避免大量临时建筑拆迁和场地搬迁。

6.5　发展绿色施工的"四新"要求

发展绿色施工应鼓励重视和发展新技术、新工艺、新材料与新设备（"四新"），要求如下：

（1）施工企业应建立健全绿色施工管理体系，对有关绿色施工的技术、工艺、材料、设备等应建立推广、限制、淘汰公布制度和管理办法。发展适合绿色施工的资源利用与环境保护技术，对落后的施工技术、工艺、设备、材料等进行限制或淘汰，鼓励绿色施工技术的发展，推动绿色施工技术的创新。

（2）住房城乡建设部在《建筑业 10 项新技术》中专门列了"绿色施工技术"一章，其中包括：基坑施工封闭降水技术；基坑施工降水回收利用技术；预拌砂浆技术；外墙自保温体系施工技术；粘贴式外墙外保温隔热系统施工技术；现浇混凝土外墙外保温施工技术；硬泡聚氨酯外墙喷涂保温施工技术；工业废渣及（空心）砌块应用技术；铝合金窗断桥技术；太阳能与建筑一体化应用技术；供热计量技术；建筑外遮阳技术；植生混凝土；透水混凝土。

（3）加强信息技术应用，如绿色施工的虚拟现实技术、三维建筑模型的工程量自动统计、绿色施工组织设计数据库建立与应用系统、数字化工地、基于电子商务的建筑工程材料、设备与物流管理系统等。通过应用信息技术，进行精密规划、设计、精心建造和优化集成，实现与提高绿色施工的各项指标。

6.6　绿色施工方案的编制及案例

实施绿色施工，应进行总体方案优化。在规划（包括施工规划）、设计（包括施工阶段的深化设计）阶段，应充分考虑绿色施工的总体要求，为绿色施工提供基础条件。实施绿色施工，应对施工策划、机械与设备选择、材料采购、现场施工、工程验收等各阶段进行控制，加强对整个施工过程的管理和监督。绿色施工方案的编制没有固定的格式，但其主要内容应涵盖以下几个内容：工程概况、绿色施工目标、组织结构、实施措施、技术措施、管理制度。

6.6.1　工程概况

工程概况包括建筑类型、结构形式、基坑深度、高（跨）度、工程规模、工程造价、占地面积、工程所在地、建设单位、设计单位、承建单位、计划开竣工日期等。

【案例 6-1】 上海南京西路 1788（4507 地块）项目绿色施工工程概况。

建设单位：上海世纪静安房地产开发有限公司。

设计单位：华东建筑设计研究院有限公司。

承建单位：上海建工五建集团有限公司。

上海南京西路 1788 项目工程地处繁华的闹市中心，由 29 层的塔楼、地下 3 层、地上裙房 4 层组成。主楼高 126.30m，地下深 18m，工程总面积 113169m^2，合同造价 4.47 亿元。该工程于 2008 年 7 月 20 日开工，2011 年 9 月 28 日竣工备案。该工程基础施工复杂，采用钻孔灌注桩、三轴搅拌桩加固，地下连续墙"两墙合一"，开挖量是有效施工范围的 85％，土方量达 156243m^3。

本工程各系统设计对未来产品节能有主观的倾向性，本工程采用铝合金隔热型材中空 LOW-E 镀膜玻璃幕墙和外窗，幕墙内岩棉保温层采用半硬质岩棉板；墙体分别采用厚 200mm、150mm、100mm 砂加气砌块；外墙采用 30mm 挤塑聚苯板（XPS 板）；屋面（上人及非上人屋面）采用涂刷高热反射面层（反射系数 SRI≥0.78）；屋面采用聚乙烯膜保护层及排蓄水板上覆种植土（种植土容量 1800kg/m^3，平均厚度 300mm）；屋面设置 3

台 12kW 风力发电机，每年发电达到 75000kW·h 以上，对大楼运行发挥了较大的节能环保作用。

6.6.2　绿色施工目标

绿色施工目标必须根据绿色施工总体框架的指标体系确定。承建单位和项目部分别就环境保护、节材、节水、节能、节地制定绿色施工目标，并将该目标值细化到每个子项和各施工阶段。2012 中国建筑行业协会年发布的《全国建筑业绿色施工示范工程申报与验收指南》中要求绿色施工目标的设定需提供设定依据。

【案例 6-2】　上海南京西路 1788（4507 地块）项目绿色施工目标。

绿色施工目标：制定目标以企业发展绿色施工要求为依据，在公司目标指标体系下，根据工程特点分解落实，做到既体现先进性，又着重示范性，科学合理制定控制执行的目标值。

1）环境保护指标（表 6-8）

环境保护目标　　　　　　　　　　　　　　表 6-8

序号	目标（指标）名称	目　标　值
1	建筑垃圾	按万平方米控制在 100t 以内产生量小于 22000t，再利用率达到 45% 以上
2	场界噪声排放	昼间不大于 70dB，夜间不大于 55dB
3	污水排放	pH 值在 6～9 之间，其他指标达到上海市《污水综合排放标准》DB 31/199—2009
4	扬尘排放	达到住房城乡建设部《绿色施工导则》要求，结构施工扬尘不大于 0.5m；基础施工不大于 1.5m
5	光污染	达到国家环保部门的规定，做到夜间施工不扰民，无周边单位或居民投诉

2）节材指标（表 6-9）

主材节约指标　　　　　　　　　　　　　　表 6-9

序号	主材名称	预算量（含定额损耗量）	定额允许损耗率及量	目标损耗率及量	目标减少损耗量
1	钢材	20801t	2.5%；520t	1.5%；312t	208t
2	商品混凝土	116645m³	1.5%；1749m³	0.9%；1049m³	700m³
3	木材	954m³	5%；47.7m³	3%；28.62m³	19.08m³
4	砂加气（混凝土）	4869m³	1.5%；73m³	1%；49m³	24m³
5	地板	59854m³	1.5%；898m³	1%；599m³	299m³
6	围挡等周转设备（料）			15% 以下	重复使用率大于 85%

3）节水和节能指标（表 6-10）

水资源、能源节约指标　　　　　　　　　　　　表 6-10

序号	施工阶段及区域	万元产值目标耗水	万元产值目标耗电	万元产值目标用油
1	整个施工阶段	6m³	74.2kW·h	3.19L
2	桩基、基础施工阶段	7.7m³	69kW·h	3.83L
3	主体结构施工阶段	2.8m³	85kW·h	1.8L
4	二次结构和装饰施工阶段（含竣工扫尾阶段）	6.16m³	73.01kW·h	0.39L
5	节水（电）设备（设施）配置率	>90%	>90%	

4) 土地节约指标：不使用黏土砖；施工总占地面积控制在基坑面积的130%以内。

6.6.3 组织机构

项目部应成立绿色施工管理机构，公司领导或项目经理作为第一责任人，所属单位相关部门参与，并落实相应的管理职责，实行责任分级负责。

【**案例 6-3**】 上海南京西路1788（4507地块）项目绿色施工管理网络和责任制。

本项目成立了绿色施工领导小组和工作小组。

领导小组人员由 _____ 组成（人名略），组长为：_____ （略），副组长为：_____ （略）。领导小组的职责：策划创建工作计划；提供必需的资源；协调解决"创建"过程中的重大问题；组织对"创建"活动的阶段评估和考核。

工作小组人员由 _____ 组成（人名略），组长为：_____ （略），副组长为：_____ （略）。工作小组的职责：组织实施创建规划；落实相关人员的岗位职责；保持绿色施工节能降耗设备、设置的完整完好；保证相关记录、台账的及时、真实、完整；进行日常检查和考核；落实上级和领导小组布置的相关工作。

本项目还落实了相关管理人员及生产工人的绿色施工职责。

6.6.4 实施措施

主要建立"四节一环保"的实施措施。实施措施包括：①钢材、木材、水泥等建筑材料的节约措施；②提高材料设备重复利用和周转次数、废旧材料的回收再利用措施；③生产、生活、办公和大型施工设备的用水用电等资源及能源的控制措施；④环境保护如扬尘、噪声、光污染的控制及建筑垃圾的减量化措施等。

【**案例 6-4**】 上海南京西路1788（4507地块）项目绿色施工实施措施。

1. 环境保护措施

（1）绿色施工公示牌，做到门前"三包"

门口设置"七牌两图"；并在现场关键部位设置监控探头，强化动态管理。有专人定时定点对施工区外围的道路进行清扫，时常保持整洁清爽，确保排水排污满足环保要求。

（2）建筑垃圾减量化

制订建筑垃圾减量化计划，落实具体措施减少建筑垃圾的产生量，同时不断扩大垃圾消纳途径。对不同建筑垃圾进行了分类，并提出减量化的控制措施，经实施，截至2011年9月25日共产生垃圾21822t，被利用（包括异地利用）10930t，再利用率50.09%，超过了45%的再利用目标。

（3）扬尘控制

现场道路每天洒水、清扫；堆放材料采取覆盖措施，对粉末状材料封闭存放；工地全部使用干粉砂浆；采用防尘布围挡。

（4）污水排放

现场设置了两处三级沉淀池；食堂设置了隔油池，并及时进行油污清捞；标养水池中的养护水在换水前先进行中和，使其pH值达到排放标准后再进行排放；落实专人对污水进行监测。

（5）光污染控制

办公室窗采用内贴膜玻璃；焊接时使用遮光板遮挡，焊接等作业避开夜间和错开作业时间；限定施工时间：按照规定时间范围施工，控制施工照明，对大光源电器安装了时间继电器；同时避免施工灯光直接照射到居民楼和办公楼中。

（6）噪声污染控制

1）对木工圆锯、切割机等声音比较大的设备使用时放置在专门的房间里，按规定进行封堵以减少噪声的扩散，并禁止在夜间使用；对于高噪声设备附近加设可移动的简易隔声屏，风动钻机要装配消声器。

2）对于进出施工现场的车辆加强管理，出入做到低速，禁止鸣喇叭。

3）加强现场噪声监测。

（7）室内空气污染控制

主要从原材料、施工工艺、成品保护3个方面进行了控制管理，确保原材料必须符合GB 18580～GB 18588、GB 6566等标准的规定；项目部必须在公司确定的合格供应商名录内进行采购，并加强对相关建筑材料的绿色环保指标的验收。

2. 节材措施

（1）节约钢材。钢筋接头采用电渣压力焊和直螺纹套筒连接技术；深化图纸、合理进料；利用短、废料钢筋增加利用率。

（2）节约混凝土。利用凿除支撑的混凝土作为基础垫层和施工临时道路路基；控制结构标高、力求最大负偏差，控制楼板的平整度和厚度；余料制作保护层垫块。

（3）节约木材及模板。增加模板翻用次数；短木接长木；废、旧木料制作垫木、防滑条等。

（4）节约砌块。采用最优的组砌方法和操作方法，合理使用工具，同时通过优化设计施工场地、加强管理等手段减少搬运时的损耗；熟悉图纸，对安装要留洞部位做好留洞。

（5）节约安装材料。采用最优的拼成方法和操作方法，合理使用工具，一次成型。同时通过优化设计施工场地、加强管理等手段加强产品保护。

（6）节约装饰材料。在装饰阶段，油漆、涂料施工完成后要做好产品保护，避免二次污染和重复施工。瓷砖、大理石施工前做好排列图。

（7）节约围挡等周转材料（设备）。现场办公和生活用房采用周转式活动房；现场围挡最大限度地利用已有围墙，或采用标准化钢管脚手围护；使用钢管脚手、安全笆、绿网；脚手架钢管、扣件、竹笆采取专业单位承包方式，有效控制了损耗量。上述周转设备（设施）经统计损坏率为2%，即重复使用率达98%。

（8）质量成本控制。建立质量故障成本台账，对存在的原因进行分析，通过采取纠正预防措施，提高一次成活率。

（9）现场施工协调。由于分包单位多，工作内容细化等情况。总包会同业主、监理召集各分包单位进行综合协调各阶段施工。平衡人机物资源计划和实施。

3. 节水措施

水资源消耗（节水）主要从三个环节进行控制。

（1）建立两套循环水利用系统

1）第一循环系统

本工程在基础阶段施工时在地下3层设置了1个砖砌的水循环系统，面积为100m²，高度为 1.5m。在后浇带施工完毕后，将地下室水循环系统拆除，并重新在地面上设置 1 个水循环系统（图 6-5）。

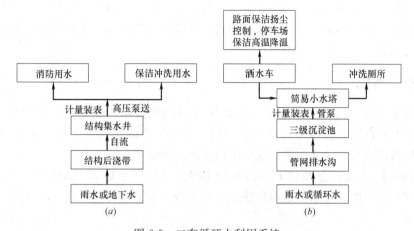

图 6-5 二套循环水利用系统
(a) 第一循环系统；(b) 第二循环系统

2）第二循环系统

本工程开工至 2011 年 9 月 28 日，共计用自来水 165367m³，用非传统用水（循环水）11326m³，非传统用水占总用量的百分比为 6.41%。

（2）使用节水型产品、安装计量装置

现场水表、水龙头等其他节水装置配置率达到 100%。

（3）节约施工用水

混凝土养护是施工用水量较多的环节，采取的措施为：墙面混凝土采用喷洒养护和楼地面混凝土采用蓄水养护。

4. 节能措施

（1）节约电能

1）施工用电节约措施：通过方案优化、机械对比选用合适的施工机械，以使其达到最大能效比；在塔吊和人货两用梯上分别安装了电表，并对耗能情况定期进行了分析；施工区域现场照明采用了 3.5kW 的节能型镝灯，并安装了时间继电器；在结构阶段，基本不安排夜间施工，降低了电能的使用。

2）办公、生活用电节约措施：生活区采用节能型灯具，采取分路控制，每间宿舍安装 1 个电表（限流器）。安装了太阳能热水器，用于餐前餐后洗手、洗碗。张贴节能标示，制定相关节电管理制度。办公区张贴节能标示，制定相关节电管理制度。

3）分路供电控制。施工现场实行总电能集中输出的分路供电系统，既保证了安全用电，又降低了交叉能耗，食堂、办公区、施工区单独装表计量。

（2）节约燃油

1）选择工程机具时，在工程适用范围之内选用燃油消耗较小的设备。本工程在基础挖土施工中，合理安排机械挖土，重点控制好土方开挖阶段的挖土机的每台班耗油。

2）采用"栈桥"施工工艺，减少机械的长距离移动。食堂燃油进行测算和控制，建立施工机械设备管理制度，实行用油计量，就近选择建筑材料，在 500km 内的地区进行采购。

5. 节约土地和土地资源保护措施

合理规划工地临房、临时围墙和施工便道地坪；施工区域与生活办公区分开，采用彩钢板活动房，经济、美观、占地小。利用永久性道路的基层作为临时道路。禁止使用黏土砖块，采用混凝土空心砖、砂加气砌块等。

6.6.5　技术措施

技术措施包括：①采用有利于绿色施工开展的新技术、新工艺、新材料、新设备；②采用创新的绿色施工技术及方法；③采用工厂化生产的预制混凝土、配送钢筋等构配件；④项目为达到方案设计中的节能要求而采取的措施等。

【案例 6-5】　上海南京路 1788（4507 地块）项目绿色施工技术措施。

本工程有效应用新技术推进绿色施工，在工程"四节一环保"过程中发挥了技术支撑的重要作用。

（1）地基基础和地下空间采用。灌注桩后注浆技术，自适应支撑补偿系统技术，"两墙合一"的地下连续墙施工技术，复合支撑施工技术。

（2）高效钢筋与高强度混凝土采用。HRB400 级钢筋的应用技术，粗直径钢筋直螺纹机械连接技术，高强度商品混凝土灌注。

（3）新型脚手架应用：爬升脚手架技术。

（4）建筑产品新技术，采用合成高分子防水卷材，楼地面混凝土随捣随光，楼内隔断墙采用内衬阻燃木板，外贴铝合金板。

（5）特殊施工过程监测和控制。如深基坑工程，大体积混凝土温度。

（6）泡沫玻璃保温系统。工程设备层及地下室构造设计，首先采用无机泡沫玻璃专用胶粘剂和专用砂浆，使之达到节能保温高效阻燃的效果。

6.6.6　管理制度

建立必要的管理制度，如教育培训制度、检查评估制度、资源消耗统计制度、奖惩制度，并建立相应的书面记录表格。

【案例 6-6】　上海南京西路 1788（4507 地块）项目绿色施工环境检测及职业健康完成情况统计。

（1）每月进行 2 次噪声检测，共计 48 次，未出现超标情况。

（2）每月进行 2 次污水检测，共计 48 次，未出现超标情况。

（3）每月进行 2 次扬尘检测，共计 48 次，未出现超标情况。

（4）截至检查之日，未发生质量事故、环境污染事故和安全生产事故；未发生职业病病例。

本章小结

绿色施工的本质是将可持续发展的理念和节约资源、减少对环境负面影响的要求运用于施工过程中，绿色施工是实现绿色建筑的一个重要环节。目前国内绿色施工的主要依据有《绿色施工导则》、《建筑工程绿色施工评价标准》GB/T 50640—2010 和《建筑工程绿色施工规范》GB/T 50905—2014。其中,《建筑工程绿色施工规范》将《绿色施工导则》和《建筑工程绿色施工评价标准》联系起来,使《绿色施工导则》的指导原则、意识培养和《建筑工程绿色施工评价标准》的目标实现之间有了具体实现措施,三者形成了绿色施工指导体系。

本章在介绍绿色施工的原则和总体框架的基础上,详细阐述了绿色施工管理和"四节一环保"的绿色施工要点。绿色施工方案的编制内容应主要包括:工程概况、绿色施工目标、组织机构、实施措施、技术措施和管理制度等,结合上海南京西路 1788(4507 地块)项目绿色施工的案例,详细介绍了绿色施工方案的编制方法。

思考与练习题

6-1　绿色建筑和绿色施工的概念是什么?两者之间有什么关系?

6-2　绿色施工和传统施工的关系是什么?

6-3　绿色施工的原则和总体框架是什么?

6-4　绿色施工管理主要包括哪几个方面的内容?

6-5　绿色施工评价框架体系主要由哪几个方面组成?每个方面包括哪些具体内容?

6-6　绿色施工评价方法的具体内容是什么?

6-7　环境保护绿色施工技术要点主要包括哪些内容?

6-8　节材与材料资源利用绿色施工技术要点主要包括哪些内容?

6-9　节水与水资源利用绿色施工技术要点主要包括哪些内容?

6-10　节能与能源利用绿色施工技术要点主要包括哪些内容?

6-11　节地与施工用地保护绿色施工技术要点主要包括哪些内容?

6-12　绿色施工方案的主要编制内容应涵盖哪些内容?

主要参考文献

[1] 《建筑施工手册》（第五版）编委会. 建筑施工手册（第五版）[M]. 北京：中国建筑工业出版社，2013.

[2] 郭正兴. 土木工程施工（第 2 版）[M]. 南京：东南大学出版社，2012.

[3] 穆静波，孙震. 土木工程施工（第 2 版）[M]. 北京：中国建筑工业出版社，2014.

[4] 王利文. 土木工程施工组织与管理 [M]. 北京：中国建筑工业出版社，2014.

[5] 张厚先，阎西康. 土木工程施工组织与管理 [M]. 北京：中国建筑工业出版社，2014.

[6] 中华人民共和国建设部. 建设工程项目管理规范 GB/T 50326—2006 [S]. 北京：中国建筑工业出版社，2006.

[7] 中华人民共和国住房和城乡建设部. 建筑施工组织设计规范 GB/T 50502—2009 [S]. 北京：中国建筑工业出版社，2009.

[8] 中华人民共和国建设部. 绿色施工导则 [R]. 2007.

[9] 中华人民共和国住房和城乡建设部. 建筑工程绿色施工评价标准 GB/T 50640—2010 [S]. 北京：中国建筑工业出版社，2010.

[10] 中华人民共和国住房和城乡建设部. 建筑工程绿色施工规范 GB/T 50905—2014 [S]. 北京：中国建筑工业出版社，2014.

[11] 中华人民共和国住房和城乡建设部. 建筑节能与绿色建筑发展"十三五"规划 [R]. 2017.

[12] 肖绪文，冯大阔. 建筑工程绿色施工现状分析及推进建议 [J]. 施工技术，2013，42（1）：12-15.

[13] 肖绪文，冯大阔. 国内外绿色建造推进现状研究 [J]. 建筑技术开发，2015，42（2）：7-11.

[14] 鲁荣利. 建筑工程项目绿色施工管理研究 [J]. 建筑经济，2010，3：104-107.

[15] 钱炎明，余纳新，张英杰等. 全国绿色施工示范工程——上海南京西路 1788 项目的成功实践 [J]. 建筑施工，2012，34（11）：1111-1113，1115.